次元を跨ぐ波動エネルギーのすべて

トーションフィールドの科学

The science of Torsion field

Uncovering the mysteries left behind by
Nikola Tesla

スタンフォード大学 電気工学博士 国立台湾大学前学長

［著］李嗣涔

Prof. Si-Chen Lee

［訳］田村田佳子

Takako Tamura

トーションフィールドの科学

ニコラ・テスラが遺した謎を解き明かし、風水の仕組みを理解し、非物質（見えない）世界のエネルギーの活用法を指し示し、遠い星との通信を可能にし、人類発展の新時代を開く！

一般相対性理論の一部である「トーションフィールド（ねじれ場）」は、無名に等しいが、情報フィールド（霊界）のエネルギーを引き出せる最も神秘的な力場である。

物理界での新たな第５の力場であるトーションフィールドを開発。「エネルギー保存の法則」を打破する可能性を秘める！

本書は、李嗣涔（リースーツェン）博士が15年以上にわたり探究してきた「トーションフィールド理論」の実証と最新研究の集大成である！

アメリカ　スタンフォード大学電気工学博士　国立台湾大学元学長である李嗣涔博士は2004年、物質の自転が時空にねじれを引き起こす「トーションフィールド理論」を初めて知り、研究を始めた。

2014年、ニコラ・テスラの実験日誌から発見された「真空エネルギー抽出」、「地球外知的生命体との通信」、「テスラ・コイル」などの隠された謎は、李博士の長年の「トーションフィールド理論」研究と一致することが確認された。

「トーションフィールド理論」の発見は、100年前の「テスラが遺した謎」を解明するだけでなく、現代においてこれらの新知識を応用・開発することが可能になり、「エネルギー危機の解決」にもつながるだろう。

この「トーション文明」は、人類の進化における新たな時代の幕開けを告げるものとなる――。

エネルギー場は、トーションフィールドの一種である

多くの実験を経て、トーションフィールドおよび水晶のエネルギー場は、金属を含むほとんどの物質を透過するが、水には遮断される新しい物質特性が発見される。両者の物理的性質は非常に類似し、水晶のエネルギー場の本質はトーションフィールドであると結論付けられる。

トーションフィールドは情報フィールド（霊界）と通信する物理的なツール

トーションフィールドは、陰陽の両界を自在に移動し、情報フィールドから、情報やエネルギーを物質世界にもたらすことができる。この特性を利用し、強力な水晶のエネルギー場を通じて二つの世界の壁を取り払い、異次元とのコミュニケーションを可能にする。

神秘的な風水原理の解明

伝統的な風水は、環境中の物体の配置を通じて幾何学的な構造を調整し、エネルギーの流れを最適化する技術である。風と水を利用してエネルギー場の位置や大きさを調整し、地場（情報フィールド上の動態情報）を活性化させる。このプロセスにより、エネルギーを回転・拡大させ、物質世界と同調させることで、人々の運勢に影響を与え、吉凶をもたらすとされている。

トーションフィールドが陰陽のエネルギー場を行き来する現象は、伝統的な風水の科学的基礎となるもの。

風水の原理を理解することで、「物理農業」が発展し、化学農業が環境に与える負担を減少させることが可能である——。

序文

ニコラ・テスラが語らなかった秘密　トーションフィールド

国立台湾大学元学長
李嗣涔

ニコラ・テスラは1856年、オーストリア帝国の小さな町（現在のクロアチア共和国）で生まれました。

1882年、アメリカの発明家エジソンのパリ支社にエンジニアとして採用されました。そこでの卓越した業績が認められ、現地の上司の推薦を受けてニューヨーク本社に異動。エジソンのもとで発電機技術の研究に従事しました。

しかし、彼はすぐにエジソンと対立し退職、自らの道を探ることになりました。彼が発明した交流誘導電動機（ACモーター）は、交流発電機と組み合わせて、ウェスティングハウス社によって普及・商業化され、現代の電力会社の基本的な発電モデルを確立しました。それは、交流発電機と変圧器を使って電圧を高め、低リスクでの長距離送電を可能にし、その後、電圧を下げて利用者に電力を供給する方式です。この技術はエジソンの直流発電機技術に勝利し、二人の間に深い確執を引き起こしました。

私たちは、照明、コンピュータ、テレビ、冷蔵庫、洗濯機など、日常的に使う電気製品を、ただ電源プラグを差し込み、スイッチを入れるだけで、いつでも使用できるという電力文明を享受しています。

この便利な生活を可能にしたのは、ニコラ・テスラの交流誘導電動機（ACモーター）の発明です。

テスラには、特別な能力がありました。彼は幼い頃から、頭の中に映像が浮かぶ「天眼」という能力を持ち、また遠くの音を聞くことができました。

例えば、新しいモーターを開発設計するとき、問題に直面すると、まるで神の助けを受けるかのように答えが「天眼」にイメージ映像として現れるのです。さらに驚くべきことに、彼はそのイメージ映像でモーターを動かし、動作確認をすることができました。イメージの中で動作がうまくいかない場合は、イメージ映像で設計を修正し、成功するまで試行錯誤を繰り返しました。

イメージ映像で動作確認が成功した設計を、試作品として製造すると必ず実証実験に成功しました。このようにして彼は、交流誘導電動機（ACモーター）を発明しました。

テスラが名声を得た後も、1943年に86歳で亡くなるまでの数十年間、彼は常識を超える独創的なアイデアを発表し続けました。

例えば、テスラは自らの発明であるテスラコイルを使って地球外知的生命体からのメッセージを受信できると主張し、また人類を守るための「死の光線（Death Ray）」兵器を開発しようとしました。

さらに、地球温暖化による北極の氷の融解と都市の洪水を予測し、化石燃料による大気汚染を解決するために、地球の自然環境からフリーエネルギーを抽出すべきだと提唱しました。

これらの考えは当時の科学的常識を超えたものであり、彼はその証明に必要な物理的に完成された装置を残すことはできませんでした。

テスラの死後、アメリカ政府は彼の膨大な手書きノートや実験日誌を長期間押収し、商業的ライバルであるエジソンは彼を誹謗(ひぼう)中傷し続けました。このため、テスラの業績は次第に人々の記憶から薄れていきました。

１９９０年代まで、テスラの遺した一部の文書が再び世に現れ、一部の神秘的な事件を引き起こしました。これらの文書は、かつての所有者が記憶を頼りに断片的に記録し、公表したものでしたが、再びテスラブームを巻き起こしました。

私は25年以上にわたり特殊能力の研究を行っており、特に直近の10年間は、その謎の解明や宇宙の真の姿、天眼などの意識の物理を説明するための複数の時空モデルを開発してきました。

研究の過程で、テスラの晩年と同様に地球外知的生命体との通信や真空エネルギーの抽出といった現象にも出会いました。そのため、テスラがこれらの現象を発見した際の興奮と衝撃を共感できるのです。

しかし、テスラの中年から老年にかけて、20世紀の最も偉大な理論である１９１５年の「一般相対性理論」と１９２０年代の「量子力学」が相次いで確立されたため、これらの新しい理論を理解し、自身の発見に適用する時間が彼には十分にありませんでした。

現在は21世紀を迎え、テスラがその発見をしてから１００年以上が経過しました。この間、科学は大きく進歩し、かつては神秘的だった現象も今では科学的に説明できるようになりました。

本書では、過去１００年間の科学、特に「一般相対性理論」におけるトーションフィールドの発見とその物理的性質、および「量子力学」における意識の解釈を用いて、テスラが解明できなかった謎に挑みます。

特に、トーションフィールドが陰陽の両界を行き来する特質の発見は、人々が情報フィールド（霊界）からエネルギーを取り出す方法を明らかにし、中国の伝統的な風水の科学的根拠を解き明かす一助となりました。

また、道教の奇門遁甲や諸葛孔明の八卦陣の原理を理解するきっかけにもなりました。

この本で紹介する新しい知識が、ニコラ・テスラの偉大な功績が適切に評価されなかった過去の失望を払拭し、21世紀におけるトーションフィールド文明の到来を予見するものとなることを願っています。

私の別の著作『科學氣功』の第三章では、トーションフィールドの発見とその歴史について詳しく紹介しています。

トーションフィールドとは、水や金属などの異なる物質を通して、特定のエネルギーがどのように変化するかを示すものです。例えば、湿った濾紙（ろし）やアルミニウム、モリブデン、ステンレスなどを通してトーションフィールドを調べた結果、水分子内の酸素同位体O17が変化することがわかりました。これにより、トーションフィールドが存在し、物質を透過する能力があることが証明されました。

また、それが水晶のエネルギー場と似た物理的透過特性を持つことを確認し、中国の伝統的な気功における物理的な気場（エネルギー場）、つまり外気の本質がトーションフィールドであると結論付けました。

したがって、本書では「気場」と「トーションフィールド（ねじれ場）」という用語を交互に使用しますが、これは同じ物理現象を指しています。

また、トーションフィールドの数々の驚くべき特性について、実験的な証拠を提示します。言い換えれば、本書はトーションフィールドの物語の2・0バージョンとも言えます。

目次

第二章　ワイヤレス電力伝送と消されたテスラ文書

第三章　テスラが知るには早すぎたトーションフィールド

第四章 陰と陽をつなげるトーションフィールド 道教・風水・八卦・佈陣の謎を解く

第五章 二十一世紀のトーションフォース文明

カバーデザイン　森瑞（4Tune Box）
本文仮名書体　蒼穹仮名（キャップス）

第一章
ニコラ・テスラの特異能力と電力事業の興隆

近代電力文明の発展を促したニコラ・テスラの非凡な人生は、イメージ記憶や「天眼」といった特別な能力に支えられていました。彼の発明はまるで天の助けを受けているかのようでしたが、実際には別の世界、情報フィールド（霊界）からのインスピレーションによるものでした。

世紀の天才テスラの特異能力

ニコラ・テスラ（図1－1参照）は、1856年に東ヨーロッパのオーストリア帝国の小さな町（現在のクロアチア共和国）で生まれました。テスラの父親は東方正教会の牧師であり、作家でもありました。彼には1人の兄と3人の姉がいました。テスラが発明に興味を持ったのは、母親の影響かもしれません。母親は家事の合間に小さな家庭用品を作ることがよくあり、その姿を見て育ったからです。

テスラの自伝によると、彼は幼少期に本を読むことが大好きで、読んだ内容をすべて記憶することができました。その理由は、彼がイメージ記憶の能力を持っていたからです。読書中に、各ページの文字をまるで写真のように脳内に保存することができたのです。必要なときには、その記憶を脳内のスクリーンに映し出すことができ、まるで写真を見ているかのようにその内容を再現できました。こうして、彼は写真を見

図1－1　交流電流の父 ― ニコラ・テスラ

ニコラ・テスラはセルビア系アメリカ人の発明家、物理学者、機械学者でした。エンジニア、電気技師、化学者、未来学者。彼は現代の交流電力システムの設計で広く知られており、電力商業化の重要な推進者とみなされており、電磁界の分野で多くの革新的な発明を行っています。

ながらその内容を朗読することができました。このようなイメージ記憶から、テスラはしばしばインスピレーションを得ていました。

テスラはまた、幼少期によく病気になったと語っています。この「病気」とは、目の前に非常に強い閃光が現れ、その後に視覚的な映像が見えるというものでした。これらの映像は、時には彼が直前に考えた言葉やアイデアに関連していたり、難しい問題に直面した際に答えが突然映像として現れたりしました。さらに、遠くの音を聞くことができたり、物の名前を聞いただけでその物の詳細な構造が映像として見えたりすることもありました。

このような現象は、現代心理学で研究されている「共感覚（シナスタジア）」に似ています。共感覚とは、ある感覚が別の感覚に転換する現象です。例えば、音を聞くと色や映像が見えたり、特定の文字を見ると香りを感じたりすることがあります。特に注目すべき点は、テスラが新しい機械を設計・開発する際、脳内で非常に詳細な映像としてその機械をイメージし、意識の力で動作確認することができたのです。もし機械がうまく動かなかった場合、それは設計に問題があることを意味していました。テスラは脳内で、何度も動作確認と修正を繰り返しました。そして、イメージだけで完成した設計図を用いて、一回で試作品を完成させることができたのです。

共感覚が示す特殊な才能

私の人生で、何人かの共感覚を持つ人々に出会ったことがあります。その中でも特に印象的な二人がいました。彼らの驚くべき能力を探求することで、テスラの特異な才能も理解することができました。

一人目は、SF作家のニー・クアン（倪匡）です。2002年8月、私は国立台湾大学の教務長を退任し、6年間の行政職務を終えた後、リフレッシュを兼ねて、アメリカのカリフォルニア州シリコンバレーにあるスタンフォード大学で研究することにしました。ニー・クアンは、当時、スタンフォード大学の近くのサンフランシスコに住んでいました。台湾大学電気工学部の後輩であり、同じくSF作家である葉李華博士の紹介で、ニー・クアンの家を訪問する機会を得ました。

彼の家はサンフランシスコ湾に面しており、ゴールデンゲートブリッジの近くにあります。家の設計はとてもユニークで、夜には屋根を開けて湾の夜景や星空を眺めることができます。彼は中国語で6000万字以上を書いた作家として知られており、17歳で香港で初めて書籍を出版して以来、一度も原稿が不採用になったことがありません。彼は『衛斯理伝奇』シリーズを書く際、1日に1冊の本を仕上げることができ、その速さは驚異的です。その理由は、彼がどんな小説を読んでも脳内にスクリーンが現れ、文字で描かれた人物やストーリーが映画のように映し出されるからです。逆に、彼が執筆する時は、彼の脳内で物語が始まるので、それをそのまま書き起こすだけで済むため、1日に1冊の本を書くことができるのです。これは、彼の物語がまるで天眼を通じて別の世界からダウンロードされているかのようです。

彼は、金庸の初期の武侠小説を改訂した方が、より面白くなると述べたことがあります。金庸は、毎日発行する『明報』に小説を連載していたため、締切に追われて執筆しており、多くの場面で時間の前後関係に注意が払われず、辻褄が合わないことがありました。改訂の際に、これらの矛盾が修正されたことで、ニー・クアンの脳内の映像はよりスムーズで合理的に見えるようになったのです。しかし、一般読者は改訂後の作品を読むと、最初にインプットされた記憶が乱され、逆に面白くないと感じることが多いのです。

二人目の共感覚を持つ人物は、私の受講生です。２０１３年6月に私は台湾大学の学長を退任し、プレッシャーから解放された後、30年間取り組んできた気功や特異能力の研究成果を、大学の新講座として開設することにしました。2年以上の準備を経て、２０１６年に電気工学科と大学院で「身体潜在能力論」という講義を開設しました。この講義では、テレパシーや透視能力の実験を行うため、実験室の定員が毎学期

36人に制限されていました。最初の2年間は、選択科目の予選に数百人の学生が殺到し、大きな話題となりましたが、受講できたのはごく一部の学生だけでした。

２０１７年、電気工学科の大学院生である林さんが私の講義を受講しました。授業が始まり実験を行うと、彼女はすぐに非凡な能力を示しました。テレパシー実験の正答率が非常に高かったのです。彼女の提出したレポートを読み、私は彼女が共感覚の能力を持っていることに気づきました。林さんは音楽を聴くと脳内にスクリーンが現れ、映画が始まるという共感覚を持っていました。曲の種類によって、映画の内容も多様で変化に富んでいました。彼女は過去に音楽鑑賞の授業を受け、その楽曲の深い分析と細やかな解釈で、しばしば先生を驚かせていました。彼女は自分の能力を特別だとは思わず、皆が同じように感じていると考えていましたが、私の講義を受けた後、彼女は自分が特別な共感覚の能力を持ち、他の人とは異なることに気づきました。

クラスでテレパシー実験を行う際、私は学生たちに1分間瞑想して、心を落ち着けてから実験を始めるように指示しました。実験では、実験パートナーが提供した5枚のＥＳＰ実験カード（図１－２参照）から無作為に1枚を引き、その信号をパートナーに送信しました。学期中に行った１００回の実験で、林さんは49回も正解しました。一般の学生の平均正答率は約20％（１００回中20回）ですが、彼女の正答率は驚異的な49％でした。この結果は統計的に非常に有意で、彼女が時空を超えたテレパシー能力を持っていることを示しています。

彼女は特異な能力を持っており、歴史や古典文学を読む際、わずかな対話や場面の描写から歴史上の人物の考えや感情、行動を予測することができました。その予測は後の歴史の展開と一致することが多く、彼女の国語の先生は特に彼女の古典文学の分析を高く評価していました。彼女の解釈は、単に文章の意味を説明するだけでなく、作者の心情や当時の状況を詳細に描写していました。先生は彼女の解釈を聞くことを楽しみにしていました。

図１－２　ESP（超感覚的知覚）実験カード

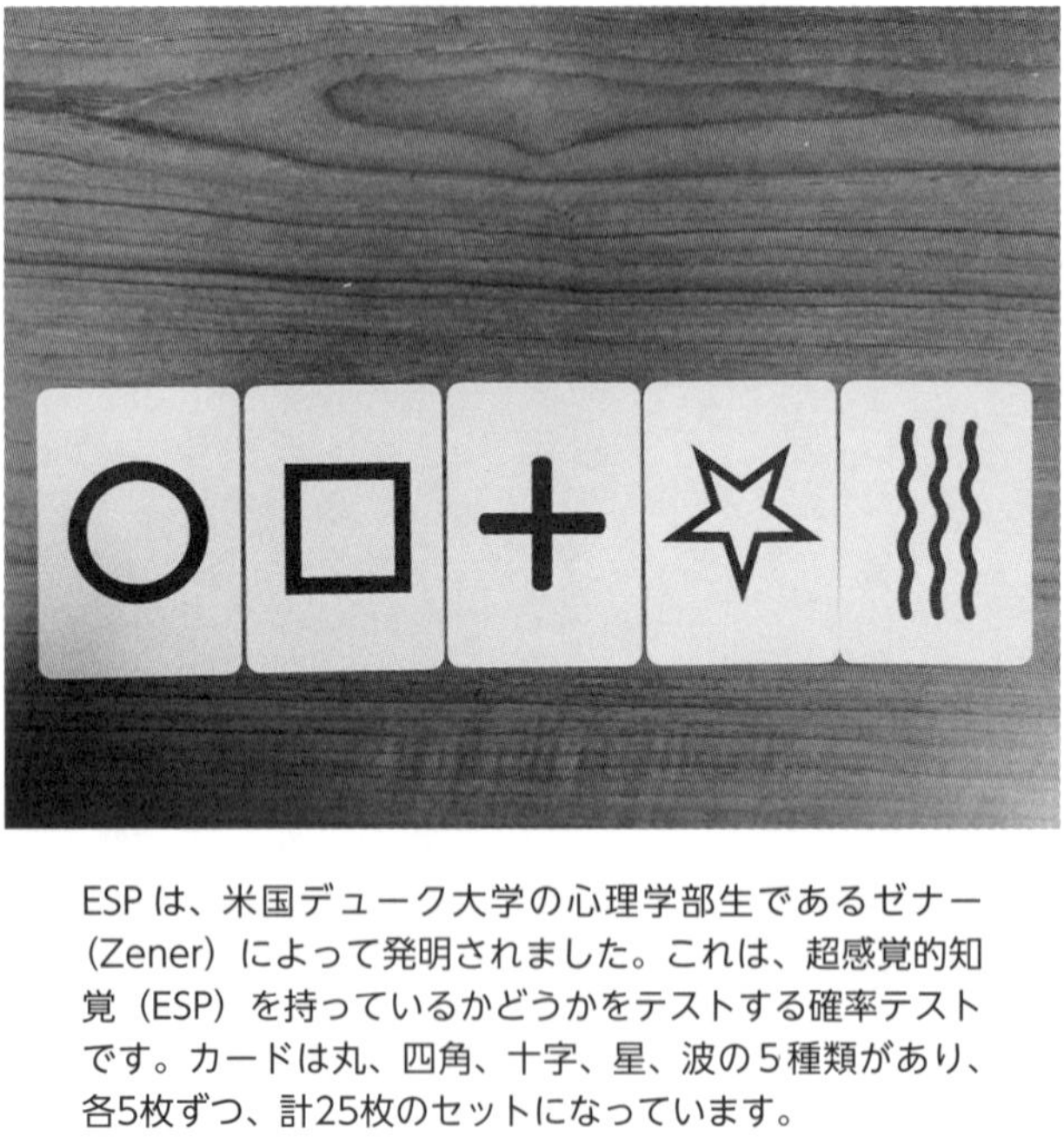

ESP は、米国デューク大学の心理学部生であるゼナー（Zener）によって発明されました。これは、超感覚的知覚（ESP）を持っているかどうかをテストする確率テストです。カードは丸、四角、十字、星、波の５種類があり、各5枚ずつ、計25枚のセットになっています。

林さんは共感覚の能力を持ち、相手の心を瞬時に読み取る鋭い洞察力があるため、ディベートや交渉の際に相手の意図を瞬時に理解し、次に言うことを予測できます。時には、相手がディベートのクライマックスや交渉の切り札として何を出すかを見抜き、即座に相手の弱点を突くことができました。そのため、彼女はさまざまな場面でリーダーとして推薦され、分析や戦略立案を担当するアシスタントとしても活躍していました。私は、テスラも同様の経験と能力を持っていたと信じています。

映像記憶能力を持っているかどうかを調べる方法

特異能力を研究している私にとって、20年前にテスラの自伝を読んだ際、彼が二つの特異能力を持っていることに気づきました。第一の能力は「映像記憶能力」で、見た画像や文字を写真のように正確に記憶できるというものです。第二の能力は、彼が記述している光のフラッシュとその後に続くイメージ映像で、これは「天眼」能力を持つ人の現象として知られています。

私たちが指先文字識別実験を行う際、小さな子供は脳の天眼が開いた後でなければ、折り畳んだ紙に書かれた文字や描かれた図形を見ることができません。そして、天眼が開く数秒前に、子供の両手の人差し指の付け根から数十ミリボルトの電圧を測定できることがわかりました。これは、脳内で放電現象が発生し、その神経衝撃が手のひらに伝わっていることを示しています。同時に、この放電過程が天眼の形成を引き起こし、脳内にテレビ画面のような映像を出現させるのです。

これは、テスラが強い光のフラッシュ（脳の放電）を見てから映像が現れる過程と非常に類似しています。したがって、この現象は特異能力の兆候であり、テスラ自身がそれを病気と誤解していたのです。それでは、イメージ記憶や天眼を開く能力を持つ人は一般的に存在するのでしょうか？　自分が映像記憶能力を持っているかどうかを知る方法はあるのでしょうか？　このような能力は訓練で身につけることができるのでしょうか？

イメージ記憶は、伝統的な道教の修行の一部で「観想」と呼ばれています。これは、過去の記憶に基づいて脳内で無から有を生じさせて映像を作り出すことです。例えば、目を閉じて魚が泳いでいる様子や、野原を駆ける馬を想像することです。一般的な人が目を閉じると、視覚の残像現象が起こりますが、それが消えた後は真っ暗になり、何も見えず、環境中の光がまぶたを通してわずかに感じられるだけです。観想とは、脳の神経ネットワークに記憶されている映像を再び呼び起こし、生き生きとした形で展開することです。それは、目を開けて実際に目撃しているかのように見えるものです。この観想能力を習得すると、イメージ記憶の能力を持つことができるのです。

生まれつき映像記憶能力を持つ人は、画家や建築家の中に多くいます。実際に、優れた絵画を描くためには、熟練した描画技術に加えて、映像記憶の能力も非常に重要です。画家は記憶の中の風景を見ながら描くことができるため、多くの労力を省けます。光と影の配置を直接見て決めることができるのです。私はこのような能力を持つ画家を多く知っています。建築家も同様です。設計する建物を脳内でイメージし、それを回転させて上下左右の異なる角度から見ることができれば、設計図の完成度が上がります。テスラのように、生まれつき映像記憶能力を持つ少数の人もいます。

20年前、アメリカのデューク大学の客員教授が私を訪ねてきました。彼は台湾で育ち、台湾大学医学部を卒業しました。大学入試の2日前に、彼は数学の試験問題を夢に見て、その問題を2日かけて解きました。試験当日、彼が試験問題を見ると、まさに夢で見た通りの問題でした。そのため、すぐに解答を終えてしまいました。しかし、試験開始から40分経たないと答案を提出できなかったため、彼は机に突っ伏して眠ってしまい、試験監督の先生に起こされるほどでした。その年の数学の問題は特に難しかったにもかかわらず、彼は90点以上を取りました。大学入学後、彼の微積分の担当教師は生徒の入試数学成績を調査し、特に優秀な成績だった彼に対し、授業への出席を免除し、学期末には95点を与えました。入試で出題された微積分の問題は、多くの医学部合格者でも解くのが難しいレベルでしたが、彼だけが90点以上を取っていたからです。

彼は映像記憶能力を持っていると言いました。研修医時代、一度見たレントゲン写真をすべて記憶することができました。ケースを議論する際には、その記憶を呼び出し、原本を調べることなく、鮮明に分析することができました。

彼はアメリカに留学し、大学で教鞭を執った後、10年以上にわたり医学雑誌の編集を務めました。論文が投稿されると、記憶を頼りに適切な審査員をすぐに見つけられるため、編集長に重宝されました。その後、生物医学投資ファンドに引き抜かれ、大きな利益をもたらしました。その結果、アジア太平洋地域の支社のＣＥＯに任命され、台湾の業務も兼任しました。台湾に戻った際、彼は私を訪ね、自らの伝説的な半生を語ってくれました。

私は30年間の特異能力研究の中で、自分が映像記憶能力を持っているかどうかを箇単に確認できる方法を発見しました。この実験を行えば、誰でも自分にその能力があるかどうかを知ることができます。

目の前に果物、例えばリンゴを置き、それを15秒間凝視してください。その後、目を閉じて視覚の残像現象が消えるのを待ちます。視覚の残像が消えた後で、リンゴを思い浮かべてみてください。思い浮かべたリンゴの色や立体的な形状が、最初に見たものと完全に一致している必要があります。もし完全に一致しているかどうか確信が持てない場合は、再び目を開けてリンゴを15秒間見つめ、その後もう一度試してみてください。

私はまた、幼少期に速読や観想の訓練を受けた子供たちが、大人になってもイメージ記憶の能力を保持していることを発見しました。

私の「身体潜在能力論」の講義の受講生の中には、幼少期の訓練のおかげで、現在20代でもイメージ記憶の能力を持っている学生が少なくありません。

天眼能力は、訓練で開発できるか？

私は１９９６年7月に初めて幼い子供向けの潜在能力訓練クラスを開設し、中国の研究機関が主張する、子供の指先文字識別能力の訓練の可否を検証しようとしました。その後、毎年夏休みに訓練クラスを開設し、４日間毎日２時間の訓練を子供たちに行いました。２００４年までに合計９回のクラスを開き、合計１７６人の子供が４日間の訓練を修了しました。その中で、41人（約23％）が顕著な指先文字識別能力を示しました（統計誤差率Ｐ＜0.05）。さらに、33人（約19％）が高い能力を示し（統計誤差率Ｐ＜0.001）、年齢分布は8歳から11歳の間で高い能力を示しましたが、12歳以降では、人数が極端に下がりました。

これらの高い能力を示した子供たちは、脳内にまるでテレビのスクリーンに映し出されるように感じると言います。文字や図形の色が最初にスクリーンに現れ、その後、文字や図形が一部ずつ現れて最終的に正しい答えが表示されるそうです。つまり、子供たちが「天眼」を開かない限り、手や耳で文字を識別することはできず、正確に答えることはできないのです。

過去数十年の経験から、手や耳で文字を識別する能力は主に13歳から15歳までの子供に見られることがわかっています。これは、脳の松果体が13歳から15歳で石灰化を始めるためだと考えられています。しかし、天眼は松果体にあるのではなく、その後方5～10センチの位置にあるようです。これにより、15歳を超えた若者でも手や耳で文字を識別する能力を開発できる可能性が示唆されています。

２０１６年から２０１７年にかけて、私は台湾大学電気工学部の大学生および大学院生の20代約１００人を対象に実験を行いました。わずか2回、各回30分の訓練と、授業外の映像視覚の自己訓練を行った結果、約３％の学生が耳で文字を識別する能力を発現しました。この結果は非常に驚くべきもので、15歳を超えても訓練を通じて

「天眼」を開き、耳で文字を識別する能力を開発させるチャンスがあることがわかりました。

25年の研究を通じて、誰でも「天眼」を開き、繰り返し訓練することでさまざまな特異能力を開発できることがわかりました。例えば、子供たちが指先文字識別能力が熟達すると、念力を開発して、触れることなく箱の中の針金を曲げたり、マッチ棒を切断したりすることができます。さらに、「五神通」と呼ばれる能力も開発できます。「天眼通」は遠くの景色や人物を見ることができ、「天耳通」は遠くの音を聞くことができ、「他心通」は他人の思考を感知することができ、「宿命通」は未来を予知し、過去を知ることができ、「神足通」は自由に大地を巡ることができます。手指や耳で文字を識別する能力も含まれており、五感を相互に使うことができます。さらに、念力によって物体を動かしたり、変化させたりすることも可能です。これらの能力は驚くべきものであり、不思議に満ちています。

しかし、天眼を開かなくても特異能力を持つ人もいます。例えば、民間には多くの霊能者がいて、病人に取り憑いた霊とコミュニケーションを取り、交渉を通じて双方が受け入れられる条件を達成し、霊を退散させることで病気を治すことができます。霊能者は天眼を開いていませんが、その魂は簡単に肉体を離れて情報フィールド（霊界）に入り、直接霊と対話することができます。また、病人の過去の歴史や霊との因縁を調査することもできます。私は北京に特異能力を持つ人を知っていますが、彼は天眼を開いていないと主張しています。それにもかかわらず、彼の特異能力は情報フィールド（霊界）からのため、捜査機関から高く評価されています。

特異能力を持つことは幸か、不幸か？

特異能力を持つことは、報酬や賞賛を得る以外にどんな用途があるのでしょうか？その能力は本人にとって良いことなのでしょうか、それとも悪いことなのでしょうか？

まず、三国時代の特異能力を持つ二人の歴史上の人物を例に挙げます。第一の人物は、曹操の配下で「千里取物」という特異な能力を持つ左慈です。第二の人物は、蜀漢の宰相であり、多彩な能力を持つ諸葛孔明です。

『後漢書』第八十巻「方術列伝（下）」には、後漢末期に特異な能力を持つ多くの道士が記録されています。中には朝廷に仕官した者もいましたが、多くは民間で修練を積み、その特異能力で多くの奇跡を残し、後世に語り継がれました。

左慈は、字は元放、廬江出身で幼少の頃から神通力を持ち、星の動きから漢朝の運命が尽き、国運が衰え、天下が大乱に陥ることを予測しました。そのため、彼は道教を学び「奇門遁甲」に精通し、鬼神を使役して遠隔地から物を運ぶことができました。後に司空の地位にいる曹操の門下に仕官しました。

ある日、曹操は文官と武官を連れて巡行に出かけました。食事の時間になると、部下にこう言いました。「今日は美味しい料理を用意したが、呉淞江の鱸魚（ろぎょ）が足りない」すると左慈が答えました。「それは簡単です」彼は銅盤に水を満たし、竹竿に餌をつけて盤の中で釣り始めました。しばらくすると、一匹の鱸魚を釣り上げました。曹操は手を叩いて大笑いしましたが、他の部下たちは非常に驚きました。

曹操は言いました。「一匹の魚では皆に行き渡らないが、もっと釣ることができるか？」左慈は餌を替えて再び釣り、多くの魚を釣り上げました。これらの魚は皆三尺余りの長さで、生き生きとして美しかったため、曹操はそれらを調理させ、部下たちをもてなしました。

次に、曹操が言いました。「魚は手に入ったが、残念ながら蜀の生姜がない」左慈は答えました。「それも手に入ります」そう言うと、すぐに生姜を取り出しました。疑い深い曹操は、彼が近くから調達したのではないかと疑いましたが、その生姜が確かに蜀のものであることが後に証明されました。

またある時、曹操が都城近郊を視察する際、100人余りの部下が随行しました。左慈は一升の酒と一斤の肉を持ち、皆に振る舞いました。その結果、全員が満腹になり酔いしれました。曹操は不思議に思い、近くの商家を調査させたところ、すべての商店から肉と酒が消えており、左慈が法術でそれらを運び去ったことが判明しました。これにより、曹操は左慈の大神通を危険視し始めました。さらに、左慈が曹操に宰相の位を劉備に譲るよう勧めたことで、曹操の怒りを買い、殺されそうになりましたが、左慈は壁を通り抜けて逃亡しました。市場では、全員が左慈のように見えたり、羊の群れに隠れた際には、すべての羊が同じ姿勢になり、彼を特定できませんでした。最後には行方をくらましました。このように、大きな特異能力は時に大きな災いを引き寄せることがあり、非常に危険です。

三国時代のもう一人の特異能力を持つ人物は諸葛孔明です。彼は天文地理に精通し、奇門遁甲や陰陽八卦にも詳しく、戦略を練り天下を三分する計略を実行しました。赤壁の戦いでは東風を借りて曹操を打ち破り、その後も八卦陣を使って東呉の十万の大軍を閉じ込めるなど、その神がかった能力を存分に発揮しました。

陳寿が書いた正史『三国志』にはこれらのことが記載されていないため、『三国志演義』は小説であり公式な歴史書ではないと主張する人もいます。しかし、正史は戦争に勝ち残った国が書くものであり、陳寿は蜀国の人でありながら、蜀国が滅びた後に西晋で官職に就いていました。彼の歴史書は、西晋の視点に合わせる必要がありました。蜀漢は前朝魏国の敵にあたるため、敵の知恵や勇敢さを称賛することはできなかったのです。私たちは、勝者が遺した歴史書を解釈する立場にあります。私は民間に残された記録を信じています。それこそが意図的に削除されていない本当の歴史だと思うからです。

したがって、歴史を総合的に考察した結論としては、大きな特異能力を開発することは、能力を持つ人自身にとって危険性があるということです。一方で、小さな特異能力を開発し、それを能力者の専門分野で活用することができれば、戦略を練り、専門分野を一段階引き上げ、新たな境地に到達することができます。それが人類文明の向上に真に貢献するのです。

ニコラ・テスラのように、彼は小さな特異能力を持ち、天眼を開くことができました。天眼の中で交流誘導電動機（ACモーター）を設計し、さらにそのモーターを回転させて設計が正しいかどうかをテストすることができました。その結果、彼が発明した交流誘導電動機（ACモーター）は人類の文明を一変させ、電力という新時代を開きました。これにより、太陽のない夜の不便さを人類から取り除くことができたのです。

特異能力は幼少期から訓練する必要があるか？

小さな特異能力が、人類文明の向上に寄与するのであれば、幼少期から特異能力、例えば指先文字識別能力を培うべきなのでしょうか？　それとも大人になってから方法を見つけるべきなのでしょうか？　この問いには歴史から答えを見つけることができます。

中国では１９７９年に、短期間の訓練で指先文字識別能力が開発できることが初めて発見されました。その後40年間の多くの実験で、７歳から15歳の子供たちの多くが訓練を通じて指先文字識別能力や耳で文字を聞く特異能力を開発できることが証明されました。しかし、この能力を維持するのは非常に困難です。絶え間ないトレーニングが必要だからです。小学生が中学や高校に進学すると、学業のプレッシャーの中で継続的な練習を続けることが難しくなります。私の25年の特異能力研究の経験から言えることは、当時指先文字識別能力などの特異能力を開発した子供たちのうち、成人後もその特異能力を専門分野で活用できているのはごく少数だということです。

その一例が、当時の中国の「扁鵲（へんせき）プログラム」で育成された黄さんです。彼女は透視能力を持ち、現在フランスで医師（漢方医ではありません）として働いています。彼女は人体を直接透視する能力を活用し、その診断力は同僚の医師を大きく上回っています。

「扁鵲プログラム」の目的は、子供たちの特異能力を育成し、将来彼らも扁鵲のような名医になることです。黄女士は確かにそれを成し遂げましたが、私の知る限り、彼女は中国で唯一の成功例です。

もう一人は、私が約20年間育成してきた女性Tさんです。彼女は生まれつき指先文字識別能力を持ち、霊的な師匠が幼少期から彼女を指導してくれていました。しかし、最終的に彼女の専門分野で役立ったのは、動物とのコミュニケーション能力です。この能力は、彼女が台湾大学の学生時代に現れた第二の師匠（ガイド）から教えられたものです。その成長過程は奇妙で興味深く、私に大きな気づきを与えてくれました。現在、彼女はロサンゼルスの動物病院で獣医として働いており、その医療技術は同僚をはるかに上回っています。

Tさんが小さい頃に動物園の猿のエリアに行った時でした。そこでは、突然一匹の猿がもう一匹の猿に「うちに遊びに来ない？」と言っているのが聞こえました。もう一匹の猿が「いいよ！」と答えると、二匹の猿は手をつないでぴょんぴょんと後ろの洞穴に戻って行きました。家に帰った後、今度は彼女は鳥の父親が子供たちに何かを教えている様子を理解することができました。しかし、この動物とのコミュニケーション能力は3ヶ月間しか続きませんでしたが、この経験から、彼女は獣医になって動物の病気を治すと決心しました。

これは、2500年以上前の山東省に住んでいた公治長という奇特な人物に似ています。彼には鳥の言葉を理解することができたという伝説があり、それが原因で罪に問われて投獄されましたが、後に鳥の言葉を理解できることが証明されて無罪放免となりました。その後、国に多大な貢献をし、彼は師である孔子から深く信頼され、最終的には孔子の娘と結婚しました。

２００１年９月、Ｔさんはアメリカから台湾に戻り、大学に進学しました。アメリカ国民である彼女は、希望している獣医学部が外国人留学生を受け入れていないために、台湾大学畜産学部に進学しました。台湾に戻ったことで、私は、毎月彼女と指先文字識別能力の実験を行うことができました。この実験は、彼女がアメリカのカリフォルニア大学デービス校に戻る２００４年６月まで続き、私は大量の情報フィールド（霊界）実験研究データを蓄積することができました。これらの実験記録は『霊界の科学』という書籍に収録されています。

Ｔさんは幼少期から情報フィールド（霊界）のガイド（師匠）に見守られ、指導を受けていました。2001年から2003年にかけて、私たちは指先文字識別実験を通じてガイド(師匠)と対話し、宇宙や人類文明、地球外知的生命体について多くの質問をしました。その回答は『難以置信Ⅱ:尋訪諸神的網站』という本に収録されています。私はガイドに「Tさんはいつ動物と再びコミュニケーションを取る能力を回復できますか?」と質問しましたが、「焦らないで」と答えられました。当時の私は、Tさんが将来アメリカで獣医学を学ぶため、台湾を離れる時期が迫っており、一緒に実験できる時間が限られているため非常に焦っていました。私の頭の中は、Tさんがいつ動物の言葉を理解できるようになるのかで一杯でした。

Tさんの情報フィールド(霊界)の第二のガイド(師匠)は、2004年1月1日に異例の方法で台湾大学電気工学部の指先文字識別実験に現れました。ガイドは自身の身分を明かし、正式にTさんを弟子に迎えました。それ以来、Tさんは毎日瞑想と動物とのコミュニケーション技術を熱心に練習し始めました。その年末までには、彼女は初歩的な技術を習得し、少しずつ動物と対話できるようになりました。

10年後の２０２３年、Ｔさんはアメリカのパデュー大学獣医学部を卒業し、獣医師試験に合格してカリフォルニア州で獣医師となりました。２０１４年3月、私は彼女に台湾大学獣医学部での講演を依頼しました。当時、彼女の入学を拒否した獣医学部は獣医学専門学院に昇格していました。

彼女は六つの症例を挙げて、どのように動物の診察で治療したか説明しました。例えば、犬がテニスボールを飲み込んで食道に詰まっていたが、Ｘ線には映らず、彼女が話を聞いてすぐに問題を解決したこと。また、猫が咳を止められず、正式な検査では原因が見つからなかったが、彼女が聞き出したところ、家の中で遊んでいたおもちゃが掃除の際に隅に押し込まれてしまい、それに不満を感じていたことが原因であったこと。さらに、動物病院の同僚や学生たちがペットを彼女に診せに来ました。その中の一匹のプレーリードッグは一週間も食べ物を口にせず、飼い主を心配させていました。Ｔさんが診察したところ、そのプレーリードッグの犬歯が短く磨耗しており、口の痛みが原因で食べられなかったことがわかりました。

ある学生が飼っている猫を連れてきました。最近毎日鳴き続けているため、心配していました。Tさんが猫に尋ねると、猫は「三匹の子猫を産んだので、その子猫たちに教えているのだ」と答えました。飼い主にすぐに確認したところ、確かに猫は三匹の子猫を産んでいました。驚くべきは、猫が「三」という数字の概念を持っていることでした。まるで小説『ドリトル先生』のように、彼女は動物の言葉を理解できるようになりました。将来の獣医学がどのように発展していくのか、本当に期待されます。

天眼を開く能力は、生まれつきのものであることもありますが、大きな危難を乗り越えたり、大病から生還したりしたときにも特異能力が開発されることがあります。

台湾にある大企業のビジネスマンがいます。彼は若い頃に雷に打たれたために、天眼能力が開花しました。半時間ほど意識不明に陥りましたが、目覚めた後に未来を予知する能力を得ました。その能力のおかげで、彼のビジネスは常に成功を収めています。夢の中でテスラのように多くの新しいアイデアや機械の設計図を見ます。それを自社のエンジニアに設計と検証を指示し、特許を申請するのです。結果、彼が取得した工学関連の特許はなんと700件以上に及びます。工学に関する正式な教育を受けていないにもかかわらず、その特許数はどの大学教授も及びません。もちろん、天眼を開花させるための簡単な方法として、瞑想や能力開発のための訓練が重要です。

現代の諸葛孔明やニコラ・テスラの育成開発

最近数年間、私の「身体潜在能力論」の研究で発見したことは、20歳を超えた大人でも耳で文字を識別する小さな能力を開発できることがわかりました。動物とのコミュニケーション能力を開発できたようにです。

そこで私は、新たなプロジェクトの立ち上げを提案します。それは、専門能力を持つ大人を直接訓練し、天眼能力を開発することです。この計画と試みを「諸葛孔明プロジェクト」または「テスラ・プロジェクト」と呼んでいます。すなわち、現代の諸葛孔明やテスラを開発し、彼らの天眼を利用して専門分野の水準を向上させ、人類の新しい文明に進むことです。

テスラと電力産業

テスラは1875年、19歳の時にオーストリア技術学院の電気工学科に入学し、3年間学んだ後、学校を離れて1年間助手技師として働きました。この期間、彼は神経衰弱に悩まされましたが、父親の勧めで1880年の夏期にプラハのカレル・フェルディナント大学に入学し、物理学者エルンスト・マッハの影響を深く受けました。

マッハは超音速運動の研究で名声を得た後、科学研究における経験と実証の重要性を強調し、科学哲学の発展の基礎を築きました。テスラはマッハの影響を深く受けており、天眼能力から得た情報は、彼の科学実証研究に大いに役立ちました。しかし、彼は不幸にも父親の死により、一学期しか学ぶことができず、学校を離れました。彼はハンガリーの首都ブダペストの国営電話会社の電報部門で職を見つけました。その天才ぶりにより、彼は1年以内に会社の主要な電気技師に昇進し、国の初の電話システムを開発し、現在「マイクロフォン」と呼ばれる装置を発明しました。

1882年、テスラはアメリカの発明家エジソンのパリ支社に加わり、主に白熱灯と供電システムを含む照明システムの展開を担当しました。当時、エジソンは低圧（110V）の直流電源を使用していました。テスラの天才ぶりに上司は大いに感嘆し、彼をエジソンに紹介しました。1884年、テスラは大西洋を渡ってニューヨークに到着し、エジソンに会いました。そして、アメリカに留まり、59年後の1943年に亡くなるまでアメリカで過ごしました。

テスラは自らの特異能力に自信を持ち、常に誇りを抱いていました。頑固な権威者であるエジソンは「天才は1％のひらめきと99％の努力である」と信じていたため、二人の衝突は避けられませんでした。テスラは「エジソンがもっと考えれば、努力の90％は不要になるだろう」と言ったことがあります。彼は他の人も自分と同様に天眼能力を使って、脳内で新しい発明を創造できると考えていたので、この二人は必然的に相容れなかったのです。

言い伝えによると、エジソンはテスラに、会社の直流発電機を改善できたら25万ドルの賞金を与えると約束しました。当時、テスラの給料は週18ドルでした。後にテスラが成功を報告しましたが、エジソンはそれを冗談だとみなし、真剣に受け取りませんでした。結果として、テスラの給料は週25ドルに引き上げられただけでした。テスラはこれに憤慨し、辞職しました。その後1年間、ニューヨークの路上で穴を掘ったり電線を修理したりして生活しました。

このような困難な生活の中で、テスラは、天眼能力によって回転磁場に基づく多相交流電動機の概念を受け取りました。彼は脳内で設計し、成功裏に運転させた後、友人を説得して投資を受け、さらに特許を申請しました。最終的に開発技術の実演にも成功しました。この画期的な発明はすぐに企業家であるウェスティングハウス電器会社の創設者ジョージ・ウェスティングハウスの注意を引きました。彼は当時、ヨーロッパで開発された交流電力技術を使用して照明を行い、エジソンの直流電力技術と競争していました。

交流電はもともと優位性を持っていました。交流電は変圧器を使って発生した電圧を先に上げ、電流を下げることで長距離の輸送を行い、電線の抵抗による電力損失を減らすことができます。そして、ユーザー側で再び電圧を下げて使用することができます。これにより、ユーザーの分布地域を容易に拡大し、ユーザーの数を増やすことで発電コストを低減することができます。ウェスティングハウス電器はテスラの高性能な交流電動機技術を得てさらに進化し、高性能の電動機で発電機を駆動することで発電コストをさらに低減することができました。これにより、エジソンの直流技術を迅速に打ち負かし、交流電が市場を独占し、電力企業の標準となりました。

1895年、ウェスティングハウス電気会社はナイヤガラの滝に前例のない規模の水力発電所を建設しました。10台のタービンが駆動する発電機は5万馬力を発電し、変圧器で2万2000ボルトに昇圧して43キロ離れたバッファロー市に送電しました。

この時点で、交流電は決定的な勝利を収め、テスラも大きな利益を得ました。これにより、彼は次の壮大な計画であるワイヤレス電力伝送に取り組むことができるようになりました。

第二章 ワイヤレス電力伝送と消されたテスラ文書

テスラの死後、彼の革新的なアイデアが記録された手書きの文書はアメリカ政府によって押収され、この世から忘れ去られました。しかし、１９９０年代にこれらの消失した文書が、突如として現れ、大きな話題となりました。時代の経過と共に科学の進歩によって、彼の当時のアイデアの一部である地球温暖化などがやっと証明され始めたのです。

マクスウェルとヘルツによる電磁波の発見と応用

イギリスの科学者ジェームズ・クラーク・マクスウェルは、１８６５年に「電磁場の動的理論」を発表し、電磁波の理論的基礎を築きました。これらの電場と磁場が相互に影響する方程式は、後の科学者たちによって、４つの方程式にまとめられました。これらは総称してマクスウェル方程式と呼ばれています。

彼の方程式では、電場と磁場が互いに励起して振動する波動、つまり電磁波が予測されていました。彼は方程式に使用される物理量、例えば真空の誘電率や透磁率を用いて計算した電磁波の速度が、過去に科学的に測定された光速と一致することを発見しました。これにより、光が電磁波の一種であることが間接的に証明されました。この驚くべき発見は多くの科学者の興味を引き、目に見えない低周波数の電磁波の探索が始まりました。

１８８８年、当時30歳の若きドイツ人教授ハインリヒ・ヘルツ（Heinrich Hertz）は、スパークギャップ放電（火花放電）の送信機と受信機を設計し、実験にて電磁波の存在を証明し、送受信の方法を示しました。ヘルツが電磁波を発見して以来、ヨーロッパとアメリカの多くの創造的な発明家たちが電磁波の応用を探求し始めました。特に有名なのはイタリアのマルコーニとアメリカのテスラです。

グリエルモ・マルコーニ（Guglielmo Marconi）は名門の家系に生まれ、家族は大規模なウイスキー製造業を営んでいました。彼は幼少期から電気に強い興味を持ち、20歳の時には電磁波の応用に夢中になり、無線通信の実験を始めました。その後、彼は両親を説得し支援を得て、自身が設計した無線通信機器を携えてロンドンに行き、事業を展開しました。１９０１年12月、彼はついに無線電波に乗せたモールス符号を、イギリス南西部から大西洋を越えて、２８００キロ離れたカナダのニューファンドランド島セントジョンズの受信局に送信することに成功しました。この成功は世界中で大きな話題となり、長距離無線通信の時代が幕を開けました。

テスラはワイヤレス電力伝送の可能性に情熱を傾けた

1888年、アメリカに渡って数年が経ったテスラは、ヘルツの電磁波発見に触発され、電磁波の研究に没頭しました。しかし、彼の研究はマルコーニとは異なり、通信ではなく電力の無線伝送の実現を目指しました。当時、電力産業は始まったばかりで、一般家庭が電灯や電話などの電化製品を使い始めていました。ワイヤレス電力伝送が実現すれば、電力網のインフラ整備に大規模な投資を必要とせず、新興企業の投資コストも削減でき、電力産業の更なる発展につながると考えられました。

100年後の21世紀の私たちにとっても、このコンセプトは、先見的で斬新なアイデアです。

考えてみてください。現代の技術において、モバイルデバイスの最大の問題はバッテリーの容量不足です。携帯電話やノートパソコンのバッテリーが切れると、これらのデバイスは使い物にならず、外部との通信できなくなります。その解決策として、無線で電力を伝送してバッテリーに直接充電することが考えられます。しかし、この問題は１００年以上経った今でも解決されていません。つまり、テスラは理論的な裏付けがないままにこの問題に挑むことが早すぎたということです。これが彼の失敗の要因となったのです。

一般に、電力の伝送には、高電圧と低電圧の２本の電線が必要とされ、高電圧から低電圧に電流を流します。安全上の理由から、最新の電源プラグには低電圧線にアース線も追加され、３ピンコンセントの３本目はアース線になります。テスラは早い段階で地球が導電性を持つことを知っており、地面を電気の接地極として使用できることを理解していました。しかし、もう一方の極をどうするかが問題でした。電磁波で送電するのでしょうか？　彼はまた、電力を電磁波に変換する方法は効率が高くないことを知っており、大量の電力送電は困難だと理解していました。そのため、基礎的な電網設備を建設せずに空気を通路として利用する必要がありました。彼の構想は、紫外線を使って空気分子をイオン化し、空気中にイオン導電通路を開き、高圧放電で電力をイオン通路を通じて送るというものでした。この方法では一般的な電線を使用する必要はなく、地面を接地回路として利用します。彼は低周波の交流電流を使用することを想定しており、それによって長距離の伝送が可能になると考えていました。

１８９９年、テスラは構想を実現するために、アメリカのコロラド州コロラドスプリングスに実験室を設立し、６月１日から実験を開始しました。彼は空気中での大規模な導電の可能性を研究しました。インターネットでは実験で空気中の放電現象が乱れた稲妻のように発生している画像が紹介されています。

この実験は半年後の１９００年1月7日に終了し、テスラはコロラド州を離れて、ニューヨークに戻り、独立して新たにワイヤレス電力伝送の研究を始めました。その年、彼はニューヨークからフランスのパリまで電力送電できると主張し15万ドルの資金を調達し、ニューヨーク近郊に巨大な電塔を建設しました。テスラはコロラド州での実験を模倣し、大西洋を横断するためのウォーデンクリフ（Wardenclyffe）通信用設備を建設しました。しかし、３年が経過しても思うように研究成果は出ず、資金も尽き、この計画は途中で頓挫しました。

25年後の１９１５年、テスラはマルコーニの無線通信特許に異議を唱え、アメリカの裁判所に訴訟を提起しました。彼は自分がマルコーニよりも1年前に無線通信を完成させたと主張しましたが、最終的に裁判に敗れてしまいました。それ以来、無線通信の功績は歴史上、マルコーニのものとされました。

テスラコイルの始まり

テスラ実験日誌

テスラはコロラド州コロラドスプリングスでの実験期間中、多くの地球外知的生命体からの信号やメッセージを受信したと主張しました。40年以上語り継がれるテスラにまつわる神秘的な伝説が生まれるきっかけとなりました。半年間にわたるテスラの実験日誌には、毎日または数日おきにその日に行った実験の詳細を残しているので、彼の実験の進捗状況を知ることができます。

テスラは結婚しておらず子供もいなかったため、テスラの死後、甥が訴訟の末に、実験日誌やいくつかの特許文書を取得後、これらの文書は旧ユーゴスラビア政府に寄贈されました。その後、首都ベオグラードに設立されたニコラ・テスラ博物館に収蔵されました。しかし、彼の革新的なアイデアを記録したノートなど多くの文書はアメリカ政府によって押収されました。50年後の１９９０年代、これらの失われた文書の一部が突然市場に現れ、センセーションを巻き起こしました。

私は２００２年の下半期に台湾大学から休暇を取り、母校であるアメリカのスタンフォード大学電気工学科に戻って研修を受けていました。当時、私は指先文字識別能力を用いて情報フィールド内のさまざまな見えない存在（神や霊）について探索する実験中に、瞬間科学など我々よりも高度な文明を持つ存在にインタビューしたこともあったので、テスラが19世紀末に地球外知的生命体からの信号を受け取ったという話に非常に興味を持ち、その経緯や詳細を知りたいと思っていました。

驚いたことに、スタンフォード大学に到着して間もなく、電気工学科の隣にある物理学科の図書館で、なんとテスラが当時の実験を記録した日誌を発見しました。私はすぐにそれを借りて、１～２週間かけて詳細に読みました。テスラが記録した地球外知的生命体からの信号を見つけられると思っていたのですが、しかし、期待に反して、失望する結果となりました。この本全体が、テスラが抵抗（R）、インダクタンス（L）、キャパシタンス（C）を調節して構成した回路によって引き起こされるさまざまな周波数の電磁振動現象を記録しており、現在の大学の電気工学科の2年生必修科目「電気回路学」で学ぶ基本的なRLC回路に相当する内容でした。

もちろん、19世紀末期のテスラの時代において、これらの電気回路は斬新で最先端の学問でした。しかし、これらは地球外知的生命体との通信とは全く関係がありませんでした。これらの回路の中で最も有名なのが「テスラコイル」（Tesla coil）です。図2－1に示されています。YouTubeでテスラコイルの動画を探してみると、さまざまな種類のコイルを見ることができます。通常、二つのコイルが作動すると、互いに稲妻のような放電を発生させて接続し、大気を刺激して音楽を生み出すこともあります。ぜひご覧ください、とても興味深いです。

図2－1　テスラコイル

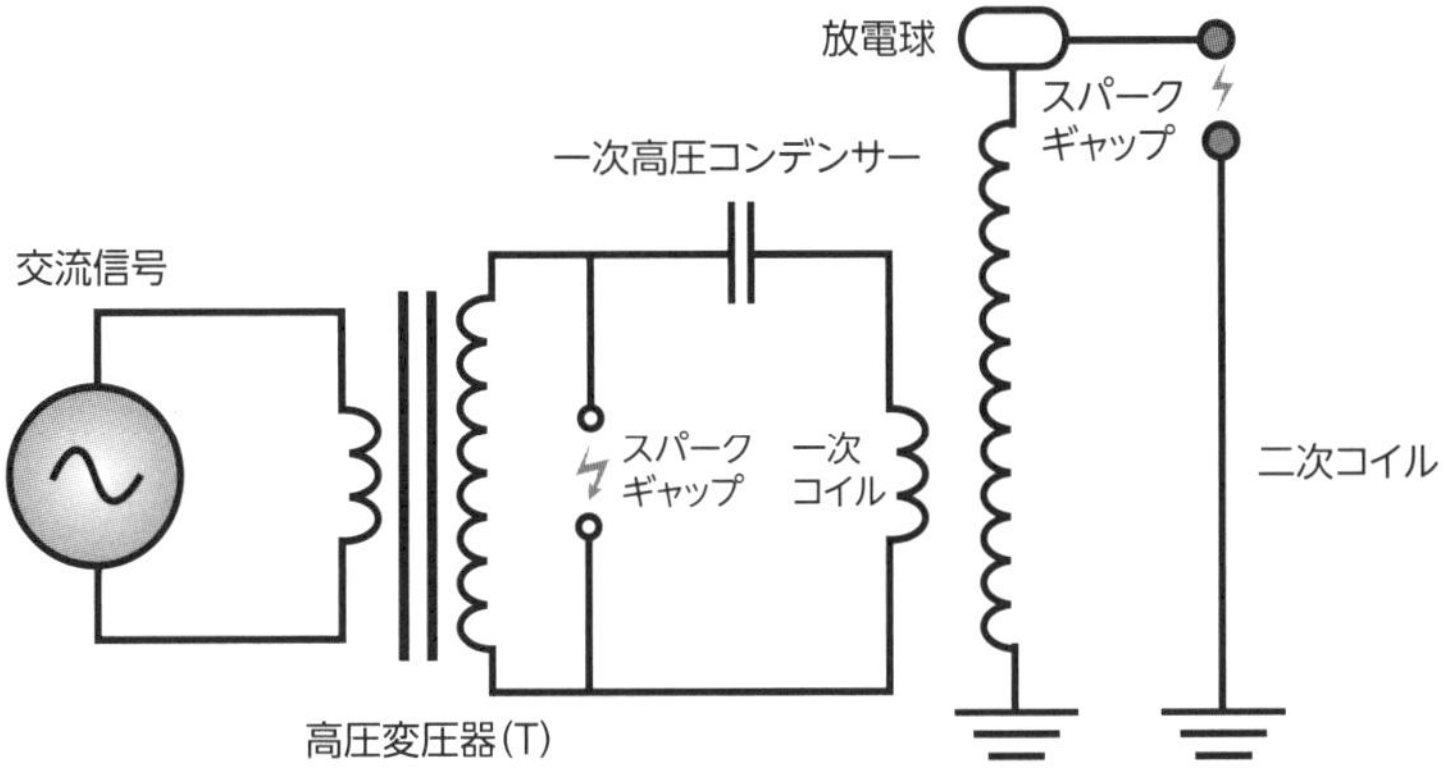

Point !

テスラコイルは左右2つのトランスを直列に接続して構成されています。左側のAC電源はAC信号を供給し、AC電圧は右端の二次コイル回路に結合され、別のスパークギャップと直列に接続されます。一次コイルと二次コイルの発振周波数が同じ場合、二次コイルの火花ギャップに高電圧が発生し、雷現象や音楽が発生します。

テスラコイルは、実際には左右の二つの変圧器を直列に接続したものです。左側のＡＣ電源が交流信号を提供し、点火コイルを通じて変圧器が電圧を増幅し、右側の変圧器の主コイル回路に結合します。回路内には高電圧に耐えるコンデンサが設置され、電荷を蓄え、電圧を上げてスパークギャップの空気絶縁層を打ち破って放電し、ＬＣ回路の振動電流を生成します。この交流振動電流の周波数（Ｆ）は、インダクタンス（Ｌ）とキャパシタンス（Ｃ）によって決定され、数百ヘルツ（Hz）から数十キロヘルツ（KHz）の範囲に広がり、これは人間が音として聞こえる範囲（20から2万ヘルツ）に属します。交流電圧は右端の二次コイル回路に結合されます。これもＲＬＣ回路であり、もう一つのスパークギャップが直列に接続されます。主コイルと二次コイルの振動周波数が一致すると、二次コイルのスパークギャップで高電圧が発生し、空気の絶縁を打ち破って稲妻現象と音を生成します。テスラがコロラドスプリングスの実験室で行った実験では、1億ボルトの高電圧を発生させ、空気の絶縁を破って大規模な稲妻現象が発生します。

この高圧コイルの放電現象は、実際には別の物理現象であるトーションフィールドを発生させていたのです。ニコラ・テスラの実験から100年以上後の2013年に、私の学生である梁為傑博士が一般相対性理論から導き出したものです。これはテスラが当時また理解できなかった物理現象です。

後に、私はトーションフィールドが陰陽両界を行き来し、情報フィールド（霊界）の情報やエネルギーを物質世界に持ち込むことができることを発見しました。これにより、中国伝統の道教の風水や奇門遁甲の謎を解き明かしました。この部分については、第四章で詳しく紹介します。

テスラは地球外知的生命体からの無線信号を受信したのか？

十数年後の2014年、私はついにインターネットでテスラの実験日誌を購入し、彼の直筆のメモや後世の研究者の注釈をも含めて詳しく研究し始めました。

コロラドでの半年間の実験中、テスラは偶然にも彼のコイル受信機から、繰り返される一連のパルス信号を受信しました。地球上の嵐や雑音によるランダムな信号とは全く異なり、これらの信号は時に1つ、2つ、4つとセットになってピークが規則的に現れるものでした。テスラは当時、この信号が金星や火星から発信された意味のある信号であり、地球文明と連絡を取ろうとする地球外知的生命体の証拠ではないかと強く疑っていました。しかし、後の科学者たちは、テスラが木星のプラズマトーラスから発生する無線信号を受信した可能性が高いと結論づけました。

テスラの人生の最後の30年間

1914年、テスラは58歳になってくると、強迫症の症状が徐々に現れ、時間の経過と共にその症状は深刻になっていきました。彼は数字の3に取り憑かれたようになり、建物に入る前にその周囲を3周する必要がありました。また、食事の際には、必ず3枚のナプキンを折り畳んで皿の横に置くよう要求しました。当時の医学では強迫症はまだ理解されておらず、治療法もありませんでした。その結果、テスラは狂っている人と見なす人もいました。このことが原因で、さらに彼のわずかに残っていた名声まで傷付けることになりました。彼は生涯結婚せず、一人でホテルに住み、ウェスティングハウス社から遅れがちに支払われる特許使用料で生活していました。

1917年8月、テスラは電力と周波数の関係を確立させた世界初のレーダーの原型を作り出しました。この原理を元に、1934年にフランスの技術者がフランス初のレーダーシステムを製造しました。

1920年代、テスラはイギリス政府と「死の光線（Death Ray）」兵器開発計画が話し合われていましたが、最終的にはテスラの政治的思想の違いにより、この計画は中止されました。

テスラは1943年1月、ニューヨークのホテルで86歳で亡くなりました。当時は第二次世界大戦中であり、彼が遺した書類や資料は数十箱に及びました。実験日誌や特許文書の一部は、彼の甥が訴訟を起こして取得し、旧ユーゴスラビア政府に寄贈されました。しかし、その他の資料はアメリカ戦争省と連邦捜査局（FBI）によって極秘資料として押収され、2台のトラックで持ち去られました。その後、30年が経過して一部の資料が突然市場に出てオークションにかけられました。さらに20年以上が経ってから、これらの資料が整理され書籍として出版され、大きな話題を呼びました。

テスラの失われた文書に隠された秘密

1976年、ニューヨークで書店を経営するM・P・ボーンス（M. P. Bornes）はニュージャージー州ニューアークで4箱分の文書をオークションにかけ、それをデイル・アルフリー（Dale Alfrey）が25ドルで購入しました。

アルフリーは帰宅した後、これらの文書を少し読んでみると、それがニコラ・テスラの手記であり、彼の多くのアイデアが記録されていました。当時、テスラを知っている人はほとんどおらず、彼はこれをＳＦ作家の手記だと推測しました。内容があまりにも信じ難く、事実であるはずがないと感じたからです。彼はＳＦにはあまり興味がなかったため、この４箱の文書を地下室に保管し、後でゆっくり読もうと考えました。

残念なことに、彼がこれらの文書をきちんと読んだのは20年以上が経過してからでした。湿気の多い地下室で保管されていたため、文書の劣化はひどく、紙は黄ばみ、インクが色あせていました。彼は文書を復元し保存することを決めました。驚いたことに、これらの文書には、テスラの死後に書かれた彼の伝記には全く記載されていない幼少期からの秘密にされてきた人生が描かれていたのです。

1997年の夏、アルフリーはテスラの4箱の文書を読み終え、スキャンして保存し始めました。彼は、文書にはテスラが設計した機械の図面がなく、記録が不完全であることに気付きました。文書には、必ず日時が記録され、時系列に整理されていたので、途中で多くのページが抜かれていることがわかりました。彼はまだ多くのテスラの文書が存在し、それらはアメリカ政府によって押収されたり、誰かの地下室に忘れ去られている可能性があると信じていました。そこで彼はインターネットで情報を発信し、残りのテスラの文書を探そうとしました。この行動により、テスラの文書に興味を持つ多くの人々の注意を引くことになりましたが、同時にテスラ文書を隠蔽(いんぺい)しようとする勢力にも目を付けられてしまいました。

1997年9月、アルフリーの妻と子供がニューヨークのマンハッタンに行っている間、彼は一人で家でテスラ文書をスキャンしていました。その夜、テスラ文書に興味があると言う「ジェイ・コウスキー（Jay Kowski）」と名乗る人物から電話があり、電話が切れると同時に玄関のベルが鳴りました。玄関ドアを開けると外には、黒いスーツに白いシャツ、黒ネクタイの3人の男が立っていました。まるで葬儀屋のような服装でした。そのうちの一人は、過去に会ったことがないのにもかかわらず、アルフリーの名前を知っていて、親しげに呼び、家に入れてほしいと言います。アルフリーは、この3人がどこかの犯罪組織のメンバーではないかと不安になりました。

その人物はさらにこう言いました。「私たちはあなたが持っている古い箱と文書を買いたいと思っています。これらの文書はあなたに属さないもので、あなたには役に立たないものです。むしろ、あなたにとってトラブルの元になるだけです」

アルフリーは恐怖を感じ始めました。これらの3人は本当に資料を買おうとしているのではなく、奪い取ろうとしているのだと感じたのです。

その男はゆっくりと、しかしはっきりとした口調で「あなたが何をしようと、私たちがその資料を持ち去るのを阻止することはできませんよ。あなたと家族のためにも、私たちに引き渡しなさい。さもなければ、誰かが行方不明になることもありますよ」

そして冷静で真っ黒な目でアルフリーを凝視しました。その視線に圧倒されたアルフリーは一歩も動けず、言葉も発することができなくなりました。そして3人は突然一斉に身を翻し、速足でポーチから駆け出し、夜の闇に消えていきました。

アルフリーはしばらく無意識のような状態から、ハッと我に返り、あの3人を探すために外に飛び出しましたが、彼らの車はなく、外の通りも静まり返っており、3人は忽然（こつぜん）と姿を消していました。急いで作業室に戻ると、テスラの日誌や資料が入った四つの箱、データが保存されていたディスクがすべて消えていることに気付きました。さらに、コンピュータのハードディスクのデータもすべて削除され、彼が長年にわたって収集してきたテスラ関連の雑誌資料も跡形もなく消されていました。明らかに、あの3人は彼を作業室からおびき出す囮役で、その間に他の者が作業室に侵入しすべての資料を盗んだのです。

アルフリーが正常な状態に戻るまでに数ヶ月かかりました。そして過去の研究の記憶を頼りに、一つ一つの資料を思い出しながら記録し始めました。それらは、ティム・スワーツ著の『ニコラ・テスラの失われた日誌（The Lost Journals of Nicolas Tesla）』などのいくつかの本の題材となりました。

これらの文書で、テスラは自身が発明したテスラコイルを使って、地球外知的生命体からのメッセージを受信できると述べています。それは地球の雑音ではなく、規則的なパルス信号でした。さらに、その音を通じて、地球の温度が人為的な汚染物質の大気への侵入によって上昇し、最終的には北極の氷が溶け、海面が上昇しニューヨークのような沿岸都市が水没する可能性を知らされました。これは１００年後の20世紀末に広く知られるようになった地球温暖化問題でした。

これらの警告は、大気汚染を減少させる手段を探すうえで、テスラが化石燃料以外のエネルギー源を発明するきっかけとなりました。1890年代、彼はガソリンを使用せずに自動車を動かせるモーターを設計したと主張しました。このモーターはエネルギーを入力せずに自動車が生み出す電力を利用して自動車を駆動するもので、『エネルギー保存の法則』に反していました。その後、多くの人々がこれを模倣してアメリカ特許を申請しましたが、エネルギーの供給源を説明できなかったため、特許局によって却下されました。

さらに、彼は地球外知的生命体が存在し、地球に侵略しようとしているのではないかと疑い始めました。そこで、地球外知的生命体の侵略に対抗するために「死の光線(Death Ray)」兵器を開発し、人類を守ろうとしました。また、反重力や飛行円盤の構想を提唱し、電力を使って反重力を生み出す研究を行いました。彼のこれらの構想は当時の科学技術をはるかに超えており、真空エネルギー抽出モーターや「死の光線(Death Ray)」兵器などの概念を具現化した装置を完成させなかったため、彼の仮説を証明することはできませんでした。そのため、多くの人々には机上の空論として、非現実的だと捉えられてしまいました。

しかし、科学の進歩と共に、テスラが警鐘を鳴らした地球温暖化問題は証明されました。「真空エネルギー抽出」についても現代の量子力学によって、真空中にゼロポイントエネルギーが存在することも予測されています。ゼロポイントエネルギー抽出モーターに関しては、私もいくつかの特許や開発プロジェクトに関わっています。トーションフィールドを利用すれば、ゼロポイントエネルギーの抽出が可能なのです。これはテスラが知るには早すぎた物理学です。

地球外知的生命体との交信については、私の著書『霊界の科学』第六章で詳しく紹介してます。白鳥座の地球外知的生命体が、５０００年から６０００年前に交信していたという考古学的証拠もあります。テスラは、当時の人々には信じられないような奇抜なアイデアをたくさん残しましたが、少しずつそれらが正しかったことが証明されたものもあり、更なる研究を必要とするものもあります。物理的な力の場である

「トーションフィールド」は、テスラの時代には理解されていなかった現象であり、この本の主題でもあります。トーションフィールドの特性を調べることで、テスラの残した謎の一部が明らかになります。

地球外知的生命体との音声通信

テスラの紛失された文書には、１８９９年にコロラドスプリングスで実験中、彼が設計した受信コイルが地球上の嵐や騒音とは異なる規則的なパルス信号を受信し、それが地球外の知的生命体からの信号であると疑ったことが記載されています。また、彼が地球温暖化の傾向を知らせる音声通信を受信したことも記録されています。この現象はどのように説明できるのでしょうか？

音声通信がテスラコイルを介して受信される電磁波である場合、通信には双方が相互に承認する符号化方式が必要です。当時、地球外知的生命体が人間と合意した暗号化方式を持つことは考えにくいですが、高度な異星文明は言語や文字の障壁を超えて、意識を使って直接コミュニケーションすることが可能だったかもしれません。

したがって、これはテスラが特殊能力の一つである天眼を通じて霊や地球外知的生命体から直接伝えられたものだと思います。コイルが受け取る電磁パルスや高度な科学知識を持つ意識とは無関係です。私の長年の特殊能力実験の結果に基づくと、天眼を通じてテスラに情報を提供したのは先進文明の地球外知的生命体だと想定します。

地球からフリーエネルギーの抽出

テスラは、１８８３年にパリで働いていた若い頃、環境からエネルギーを抽出して利用する方法を思考していました。彼は、環境から熱エネルギーを抽出する熱力メカニズムを確立することは不可能だという、英国の熱力学の権威であるケルビン卿の論説を読みました。そこでテスラは、地球から宇宙まで非常に長い金属線を延ばす方法を考えました。宇宙は地球よりも冷たいので、この温度差によって電流が熱い端から冷たい端へと流れます。地球の熱エネルギーは電流を生成し、地球が宇宙と同じ温度に冷却されるまで動作を続けるというアイデアです。

しかし、彼はその後数年間、自分が発明した多相発電機とモーターを電力産業に応用することで忙しかったため、環境からエネルギーを取り出す方法について考える時間ができたのは１８８９年になってからでした。当時、同様のことを主張する特許が数多く存在しました。これらのエネルギー源には、太陽光を電力に変換する技術（現在では太陽電池と呼ばれる）や、宇宙線などの宇宙空間からの放射エネルギーを利用する技術が含まれていました。

テスラは異なる方法を考案しました。１８９３年に、彼は環境からエネルギーを抽出するための「電磁コイル」に関する特許を申請しました。このコイルの設計は非常に特殊で、一般的なコイルが一本の電線を円筒状の長い管に巻きつけるのに対し、このコイルは二本の電線を並べて円筒に巻きつけ、そのうちの一本の電線の端がもう一本の電線の始まりに接続されています。これにより、二本の電線を流れる電流は大きさが同じで、方向が逆になります。テスラはこの設計によって、より大きなエネルギーを蓄えることができると主張しましたが、その物理的な原理については説明していません。

トーションフィールドの研究者である私たちにとって、この設計がトーションフィールド生成装置の構造であることは一目でわかります。電流がコイルを流れることで生じる磁場は、時空の歪みであるトーションフィールドを引き起こします。トーションフィールドは虚数空間に入り込み、その中に蓄えられているエネルギーを実数空間に持ち出すことができるため、発電機が生成するエネルギーが入力エネルギーを上回ります。したがって、この種の発電機は燃料を必要としません。

エネルギー保存の法則は実数の物質世界にのみ適用されます。非物質（虚数）世界からエネルギーが注入する場合、物質（実数）世界のエネルギー保存の法則は破られます。しかし物質（実数）世界と非物質（虚数）世界の両方からエネルギーが加わる場合、その総エネルギーは保存され、物質（実数）世界と非物質（虚数）世界を合わせたより大きな枠組みでエネルギー保存の法則が適用されます。

第三章では、水晶のエネルギー場、すなわちトーションフィールドの物理的特性、さまざまな吸引子の透過特性、および気導現象について紹介します。トーションフィールドが陰陽界を越えて移動し、虚数時空の情報フィールド（霊界）のエネルギーを物質時空に投射し、拡大増幅現象を引き起こすことを証明します。

第三章 テスラが知るには早すぎたトーションフィールド

トーションフィールドが生み出す力は重力よりも弱いですが、非常に神秘的な力です。

トーションフィールドは、もともと一般相対性理論の一部でしたが、当時はアインシュタインによって無視されていました。１９２０年代にフランスの数学者エリ・カルタンによって追加され、より完全な相対論となりました。１９６０年代以降、トーションフィールドは、ソ連の科学者によって評価され、高度に発展しました。

「トーションフィールド」という用語の登場

1990年　神秘的な気功から「気」を観測する

1970年代、私はスタンフォード大学で電気工学の博士号を取得するために留学していました。研究テーマは半導体材料とコンポーネントであり、量子力学、現代物理学、固体物理学に精通する必要がありました。1982年、台湾大学電気工学科に戻って教鞭を執った際にも、これらの科目を学生に教え、関連する書籍や資料を収集して講義ノートを編纂（へんさん）し、関連理論に非常に精通していました。中国語の教科書『半導体コンポーネントの物理学』を執筆し、第20回金三脚賞を受賞し、これらの物理知識を自由に使いこなすようになったのです。

1987年、国家科学会議主席だった陳魯安氏のご招待で、国家科学会議が主導する気功研究に参加しました。当時、私は気功に非常に興味を持っていました。しかし、国家科学会議から招待された李先生と気功の実験を行う機会があったのは１９９０年になってからでした。彼は手のひらを使って強力なエネルギーを閉じた試験管に送りました。15センチメートル離れたところから2～5分間放置した結果、内部で培養されていた繊維細胞の染色体が破壊され、タンパク質の合成速度が40%低下しました。このエネルギーが染色体を破壊する理由がわかりませんでした。紫外線はマスターの手のひらにもダメージを与える可能性があり、長波長の衝撃波がミクロンレベルの分子にダメージを与えるのは難しいです。外気の物理的性質は、重力、電磁力、強い力、弱い力に次ぐ第五の力なのでしょうか？　当時の私の物理知識では全く理解できませんでした。私はこの疑問を心の中に留め、理解する機会を待つことにしました。

１９９９年　情報フィールド（霊界）の発見

１９９３年から、私は指先文字識別能力や念力などの人体特異機能の研究に取り組みました。Tさんや王さんのような優れた能力を持つ青少年を育成し、指先文字識別能力の研究を深めました。また、１９９６年から２０００年にかけて、中国地質大学人体科学研究所の沈今川教授や特異能力者の孫儲琳さんと共に、長期間にわたり、念力に関する共同実験を行いました。例えば、死んだ落花生を36分以内に蘇生させ、その後さらに２・８センチまで発芽させる実験です。

１９９９年、台湾物理学会会長が10名以上の物理学および心理学の教授を連れて、私の実験室に指先文字識別能力の検証に来た際、国家シンクロトロン放射光研究センターの陳博士と出会いました。陳博士は「佛」という字を使ってTさんの指先文字識別能力をテストし、異常現象を発見した最初の科学者です。

これにより、私たちは四次元時空の物質宇宙以外にも、意識に満ちた情報フィールド（霊界）が存在することを共に発見しました。この情報フィールド（霊界）にはさまざまな高度な知的意識や情報ウェブサイトが存在します。各宗教には、情報フィールド上に、まるで独自のホームページがあり、その情報は非常に豊かで多彩です。

物質世界の外には、意識の世界である情報フィールド（霊界）が存在することがわかりました。物質世界がハードウェアであるのに対し、情報フィールド（霊界）はソフトウェアであり、ハードとソフトが一体となって初めて完全な生命が構成されます。

当時、陳博士は情報フィールド（霊界）の神々やガイド（師匠）とコミュニケーションを取り、情報フィールド（霊界）を現代物理学の範疇（はんちゅう）に組み込んで研究するための物理的な手段を見つけようと考えていました。問題は、どのような物理的手段で情報フィールド（霊界）とコミュニケーションを取るかということでした。彼はウェブサイトでいくつかの情報を見つけ、強力な水晶のエネルギー場を使用すれば、二つの世界の障壁を打破し、もう一つの世界と通信することができると考えました。

陳博士は当時、国家シンクロトロン放射光研究センターで働いており、精密機器の製作に長けていました。２０００年から、彼はさまざまな水晶のエネルギー場生成器やエネルギー場検出器を製作しましたが、これらはどのように設計してもどれも気の信号を測定することができませんでした。しかし、Ｔさんは特異能力を持ち、手のひらでエネルギー場を感知し、その強度や形状を感じ取ることができます。そのため、彼女は私たちの実験で水晶のエネルギー場の物理的性質を最もよく検出できる人物となりました。ただし、人間の感覚は主観的な比較に依存しており、客観的な定量化はできません。そのため、結果は定性的な参考情報として扱われ、あくまで研究の方向性を示すものとされています。将来的には、信号を実際に測定できる検出器が開発されれば、迅速な検証が可能となるでしょう。

２００４年　突如出現したトーションフィールド

２００４年１月、漢生出版社編集長の呉美雲さんと私は、北京の中国地質大学人体科学研究所の沈今川教授と孫儲琳さんを訪ね、過去20年間の驚くべき特異能力の研究成果を対話形式で出版する計画を話し合いました。沈教授や孫さんとは2000年に共同実験が終了して以来、何年も会っていませんでした。沈教授は会うとすぐに、旧ソ連の研究分野である「トーションフィールド」についての二つの論文を渡してくれました。

私は非常に驚きました！　私はこの専門用語を聞いたことがなく、その意味を知りませんでした。日中は対話と収録で予定が詰まっていましたので、やっと夜になって論文を読むことができました。読むほどに興奮し、4～5回も読み返すほど、目の前に新しい世界が開かれていくような感動と衝撃を受けました。

実は、トーションフィールドは新しい概念ではありません。1915年にアインシュタインが「一般相対性理論」を提唱した際にすでに存在していました。彼は、時間と空間の幾何学的性質が物体のエネルギーや運動量によって決定され、質量の存在が時空のねじれを生じさせると考えました。しかし、数学を簡略化するために、時空のねじれ、つまりトーションフィールドをゼロとして省略しました。その結果、一般相対性理論はトーションフィールドを含まない重力理論となりました。

もし時空のねじれが重力を生み出すのと等価であるなら、時空のねじれ（図3－1参照）が回転力を生み出すのと等価であるはずですが、この力場はアインシュタインによって無視されました。1922年、フランスの数学者エリ・ジョゼフ・カルタン（Elie Joseph Cartan）は、時空のねじれ率（トーションフィールド）を含むスピン角運動量を一般相対性理論に加え、より完全な相対性理論を補完しましたが、当時はほとんど注目されませんでした。

1960年代から、ロシアの科学者たちはトーションフィールドについて理論と実験の両面から深く研究し、いくつかの重要な物理的性質を明らかにしました。

❶トーションフィールドは時空のねじれであり、引力場が時空のねじれであるのと似

図３－１　物体の自転が引き起こす時空のねじれ——
トーションフィールド

トーションフィールドは時空のねじれであり、重力場が時空の湾曲であるのと類似しています。それはどんな自然物質によっても遮られることはありません。

ています。それはどんな自然物質によっても遮蔽されません。例えば、二つの物体の間に壁があっても引力は遮蔽されないように、トーションフィールドも遮蔽されません。そのため、自然物質中で伝播する中でエネルギーを失うことはなく、散乱させられたとしても、その作用は物質のスピン状態を変えるだけです。

❷トーションフィールドは四次元時空内での伝播が光錐(こうすい)に制約されず、光速を超える速度で伝わります。したがって、未来だけでなく過去にも伝わることができます。

❸トーションフィールドの発生源が移動した後でも、その場所には空間のスピン構造が残り続けます。つまり、トーションフィールドには残留効果があるということです。

ロシアの科学者が記述したこれらのトーションフィールドの物理的特性は、なんと私たちが過去3年間で理解してきた水晶のエネルギー場とまったく同じであることがわかりました。私はすぐに、水晶のエネルギー場とは、トーションフィールド、つまり第五の力場であることを理解しました。残るは実験で証明することです。

水晶のエネルギー場はトーションフィールドだった

２０１６年に出版した『科學氣功』では、気功を行った際に身体に起きる生理現象について大規模な統計を行い、それを「共振状態」と「集中状態」の二つに分類しました。これらは大脳の波と密接に関連しています。

私たちが気功を行うと脳のα波が大幅に増加します。その状況を「共振状態」と呼びます。これは脳のα波が身体の経絡や穴道と共鳴する現象です。一方、気功を行っている際に、脳のα波が抑制され、消失する状況を「集中状態」と呼びます。また、「高速打数」という方法を使い、数分間で脳のα波と身体の経絡穴道の共振を促進し、

「氣集丹田（丹田に気を集める）」や「氣走任脈（任脈を活性化させる）」の効果を生み出す方法も発見しました。気功における「外気」や水晶の「エネルギー場」など、物理的な「エネルギー場」が具体的にどのような物理現象なのか、これについてはさらなる研究が必要です。

私は『科學氣功』第三章でこのことを紹介し、水晶のエネルギー場がトーションフィールドであることを証明するために、二つの実験データを紹介しています。

最初の実験には、旧ソ連カザフ共和国（現・カザフスタン共和国）の技師スフィルマン（Sphilman）が設計したトーションフィールド生成装置を使用しました。トーションフィールドを純水に3分間照射し、その後核磁気共鳴装置（NMR）を用いて水分子クラスターの大きさの変化を測定しました。このデータを使って、トーションフィールドがさまざまな障害物を通過する際の影響を調べました（図3－2参照）。

図3－2　トーションフィールドを水に照射する実験装置

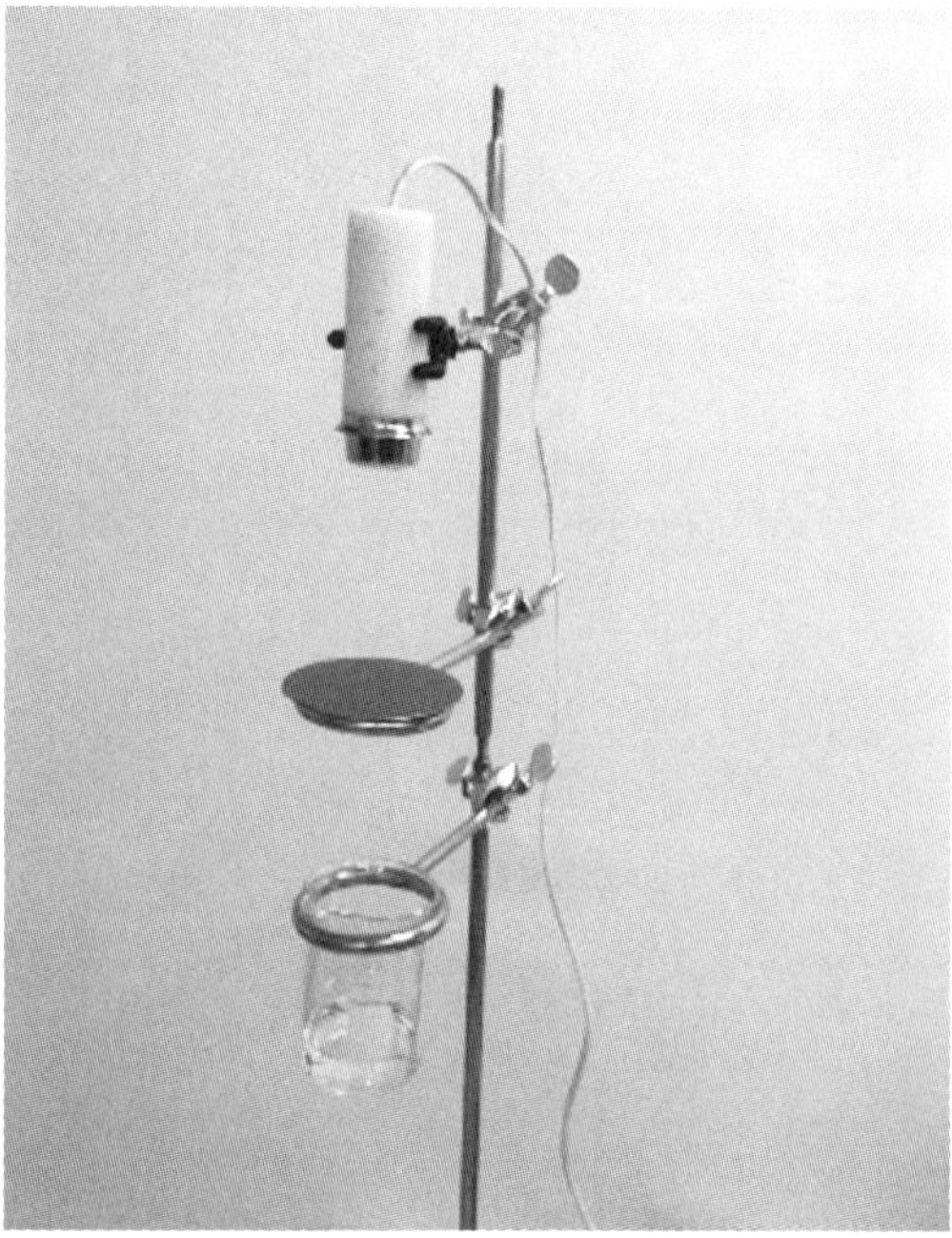

トーションフィールド生成装置を使用し、トーションフィールドを純水に3分間照射した後、核磁共振装置（医療ではMRI）で水分子クラスターの大きさの変化を測定。トーションフィールドが異なる物体を通過する際に受ける影響を分析します。

第二の実験は、水晶のエネルギー場を金属、紙、ガラス、半導体などさまざまな物質で遮った状態で、Tさんにエネルギー場の強度と形状の変化を感知してもらうものです。すぐに、アルミ箔や厚さ2センチのアルミ板ではエネルギー場を遮ることができないことがわかりました。エネルギー場はこれらを通り抜けて全く影響を受けないことから、エネルギー場は電磁波を含まないことが示唆されます。もし電磁波を含んでいれば、アルミ板によって大幅に減衰するはずです。

鉄原子を含むステンレス鋼（非磁性）や金属モリブデンでは、エネルギー場は静的な小さな円点から刺々しい動的なエネルギー場に変化します。最も不思議なことに、通常はエネルギー場を遮蔽しない紙が、水に浸して湿らせるとエネルギー場を完全に吸収します。これは晋朝時代の郭璞（かくはく）が「気は水で隔たると止まる」と言ったことに一致しています。

トーションフィールド生成装置を使用して、トーションフィールドを脱イオン水に

3分間照射した後、核磁気共鳴装置（NMR）を用いて水分子クラスターの大きさの変化を測定し、トーションフィールドがさまざまな障害物を通過する際の影響を調べます。

扇風機の羽根を一枚取り外し、電源を入れて回転させ、その中心軸から水晶のエネルギー場を照射すると、エネルギー場が広がって非常に長くなることがわかりました。これも郭璞が「気は風に遭うと散る」と言ったことに一致しています。初歩的な実験で、古代の人々の気に対する説明が証明されました。

トーションフィールドを水に照射する実験から、同様の現象が確認されました。水で濡らしたフィルターペーパーはトーションフィールドの通過を阻止し、2センチの厚さのアルミ板はトーションフィールドに全く影響を与えません。不銹鋼や金属モリブデンはトーションフィールドの通過に影響を与え、水分子クラスターに同じような変化を引き起こします。

二つの実験で物体を貫通することが判明し、水晶のエネルギー場は一般相対性理論で発見されたトーションフィールド、すなわち時空のねじれによって生じる力場であると判断しました。

トーションフィールド研究：ロシアの二大対立学派 スフィルマン（Sphilman）対アキモフ（Akimov）

スフィルマンのトーションフィールド研究路線

２００４年、私はウェブサイトで旧ソ連カザフ共和国の技師のスフィルマン（Sphilman）を見つけ、彼が設計したトーションフィールド生成装置を購入しました。

図3－3にはその正面、側面の写真と核心部分である環状磁石が示されています。そして、トーションフィールドを水に照射する実験を開始し、徐々にトーションフィールド生成装置の原理を理解していきました。私が2016年に執筆した『科學氣功』という書籍も、このトーションフィールド生成装置を基にした実験結果に基づいています。

トーションフィールド生成装置の最も重要な中心部分はニッケル－マンガン－鉄の環状磁石であり、環状磁石の中心方向に沿って一周磁化されています。図3－3（c）に示されているように、上から見ると磁場Hは反時計回りの方向です。もし磁環が光ディスクドライブのモーターによって時計回りに回転すると、磁場の方向とは反対になります。これを右旋トーションフィールドと呼びます。逆に、反時計回りに回転すると、磁場の方向と同じになります。これを左旋トーションフィールドと呼びます。この回転する磁石が中心軸方向にトーションフィールドを生成する物理的原理は、私の教え子である梁為傑博士がアインシュタインとカルタンの一般相対性理論か

図３－３　トーションフィールド生成装置

(a) 正面

(b) 側面

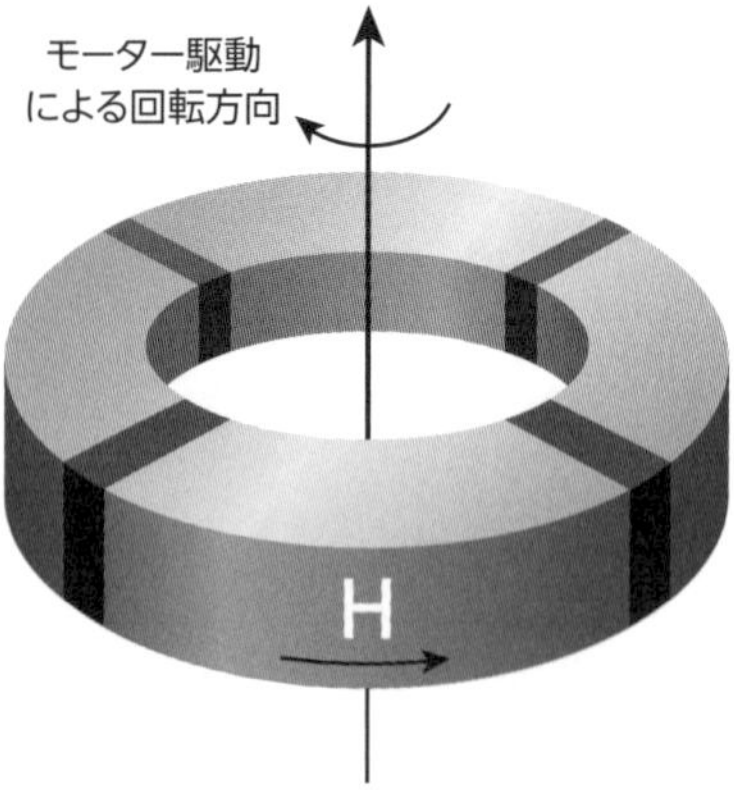

(c) 内部リング磁石

Point !

トーションフィールド生成装置の最も重要な中心部分は、中心に沿って円状に磁化されたニッケル・マンガン・鉄のリング型磁石です。磁場Ｈは、上から見ると反時計回りの方向です。

ら導き出したもので、２０１３年初頭に国際的に有名な物理学会誌『Physical Review D』に発表されました。

この論文の要点は、電子のスピン角運動量が電子自体の大きな回転軌道と結合すると、伝播可能なトーションフィールドが生成されることを証明していることです。原子物理学には「スピン軌道相互作用（Spin-orbit interaction）」という非常に有名な現象があり、これは電子のスピンと大きな回転軌道の結合における電磁場の効果を考慮したものです。しかし、伝統的な教科書では一般相対性理論を考慮していないため、このような相互作用がもう一つの場、つまりトーションフィールドを生成することは知られていませんでした。

私の直感では、磁石内の局所的な磁性分子のスピンが整列し、磁石の中心に沿って大きな円を形成しています。『情報フィールド（霊界）の科学』第四章「一物二象」の論述に基づき、粒子のスピンは物質と非物質の二つの世界の通路となり、実数時空に微小な破れを生じさせると仮定しています。これらの微小な破れが環状磁石の中心で連結し、円形の破れを形成します。磁石が毎分３０００回転以上の速度で急速に回転すると、円形の微小な破れが時空を引き裂き、近くの時空をねじれさせて一緒に回転し、軸方向にねじれた時空の剣を形成します。この影響は2～3メートルの範囲に及び、経絡が敏感な能力者は手のひらでトーションフィールドによる刺痛を感じることができます。

この十数年にわたる理論および実験研究により、電子スピンが電子の大軌道回転と結合して時空を引き裂くことがトーションフィールドを生成する最も基本的な物理現象であると確信しています。

スフィルマン（Sphilman）との初対面

２０１８年10月、私は河北省廊坊市（北京と天津の間に位置する都市）で開催されたエネルギー医学と生命健康国際フォーラムに招待され、そこで初めてトーションフィールド生成装置の製作者であるカザフスタン出身のスフィルマンに会いました。

彼はすでに高齢でした。残念ながら英語は話せず、ロシア語しか話せなかったので、通訳を介しての交流となりました。彼らはソ連初期のトーションフィールド研究者であり、旧ソ連のトーションフィールド研究を代表するN・A・コジレフ博士の弟子であることが判明しました。

コジレフ博士は、粒子の不変量は通常、物理場を伴うと考えました。例えば、粒子の「質量」が一定であれば「重力場」を伴い、「電荷」が一定であれば「電磁場」を伴うように、「スピン」が一定であれば「スピン場」、すなわち「ねじれ場（トーションフィールド）」を伴うべきだとしました。しかし、トーションフィールドが静止している場合、その強度は重力定数Gにプランク定数hを掛けたものに比例するため、重力よりも10^{27}倍も弱くなります。重力ですら最も弱い力であり、さらにそれよりも10^{27}倍も弱いトーションフィールドを測定するのは非常に難しいのです。

ほとんどの状況において、原子と原子の間のトーションフィールドの位相には一定の関係がなく、多くの原子のトーションフィールドは互いに打ち消し合い、マクロなトーションフィールドを生成しません。そのため、トーションフィールドを伴っているとしても、それを測定することも感じることも非常に難しいのです。したがって、彼が製造した生成装置が放出する力場は、自身でも強い力を感じることができるため、「トーションフィールド」とは呼ばず、「軸場（Axial field）」と呼ぶべきであり、これは中心軸方向に生成される力場であると考えました。

私は彼に、私たちの理論が一般相対性理論から、電子のスピン角運動量と大きな軌道の回転によってトーションフィールドが発生することを証明しており、それが彼の発明した装置によって生成される力場であることを伝えました。時空を引き裂くため、力が非常に強く、また水への照射実験もトーションフィールドが非常に強いことを示しており、彼らが以前に認識していた微弱なトーションフィールドではないことを説明しました。

スフィルマンの認識と反応から、トーションフィールド専門家それぞれが過去の経験に基づいているため、見解に大きな違いがあることを痛感しました。

アキモフ（Akimov）のトーションフィールド研究路線

私は２００４年に、ロシアには複数のトーションフィールド生成装置があることに気付きました。スフィルマン（Sphilman）の回転磁石を用いたトーションフィールド生成装置に加えて、ロシア自然科学アカデミーの会員であるアキモフ（A. E. Akimov）が設計した電磁振動回路を使用するトーションフィールド生成装置もあります。こちらは固定磁石を使用しており、回転磁石の部分がないため、構造は比較的簡単です。図３－４にはその外観および内部構造の写真が示されています。これにより、トーションフィールドには異なる種類が存在するのではないかと思うようになり

図３－４　アキモフ（Akimov）トーションフィールド生成装置

(a) アキモフ（Akimov）トーションフィールド生成装置の外観

(b) 銅製の円錐形内部　電子回路構造

(a)、(b) 図はアキモフ（Akimov）トーションフィールド生成装置の外観と内部構造を示しています。主に静止した磁石を含んでおり、磁場が上方に向かって電感器に入り、電容と直列結合して RLC 振動回路を形成します。この構造はテスラコイルとの類似点があります。

ました。

２０１６年、私は3年かけてスフィルマン（Sphilman）トーションフィールド生成装置を使用した複雑な水に関する実験を完了し、トーションフィールドと水晶のエネルギー場の性質が同じであることを証明しました。その研究成果を『科學氣功』という本で、実験データと共に公開しました。これにより、トーションフィールドは電子のスピンに加え、大範囲での高速回転によって時空を引き裂くことで生成されることを確認しました。

２０１７年、私は北京で開催されたトーションフィールドの物理的性質に関するシンポジウムで、若手エンジニアの高鵬と出会いました。彼は中国地質大学人体科学研究所所長の沈今川教授と長期的に、さまざまな電子装置を用いてトーションフィールドの生成と検出を共同研究していました。そこで高鵬から驚くべき情報を聞きました。彼によると、ロシアでは毎年トーションフィールドに関する国際会議が開催され、旧ソ連でトーションフィールド科学研究に従事していた専門家が集まり、研究の進展を議論しているそうです。しかし、シンポジウムで二つの派閥にわかれて、何十年も激しい議論が繰り広げられているということでした。

アキモフ（Akimov）派に属している高鵬は、電子回路の設計が比較的に簡単なため、トーションフィールド生成装置をすぐに作り上げました。彼はトーションフィールド発射器を用いて、ニューヨーク市立大学のマーク・クリンカー（Mark Krinker）教授と共同で、北京からニューヨークまで数千キロの遠距離通信用の実験を行いました。この実験では、同じ写真をトーションフィールドを発信起始位置と受信の定位器として使用しました。研討会で信号受信に成功した結果を発表しました。

この結果を聞いて私は驚きました。もしこれが本当なら、トーションフィールドを生成するのに時空を引き裂く必要がないのでしょうか？　それとも、私が知らない新しい原理が作用しているのでしょうか？

この実験結果を知ったとき、私は深い危機感を抱きました。トーションフィールドの物理的性質に関して、私がまだ完全には理解していない側面があることが明らかになったからです。しかし、この論文が真実であれば、それは人類がトーションフィールド通信を用いた最初の実験となり、マルコーニ（Guglielmo Marconi）が電磁波を用いて初めて大西洋を越えた通信を成功させたのと同じくらい画期的な成果です。電磁波を用いた通信は、１９０１年にはすでに実現していましたが、トーションフィールド通信は将来的に宇宙の星間通信のツールとして重要な役割を果たす可能性があります。電磁波は光速に制限されるため、遠距離通信には限界がありますが、トーションフィールド通信はこの制限を超え、より遠くへ信号を送ることができる可能性があります。この点については、第五章でより詳細に議論する予定です。

アキモフ（Akimov）トーションフィールド生成装置とテスラコイルの類似性

図３－４（ａ）および図３－４（ｂ）は、アキモフ（Akimov）トーションフィールド生成装置の外観および内部回路構造を示しています。この装置は、静止した磁石を含んでおり、磁場が上方に向かって電感器（Ｌ）に入り、電容（Ｃ）と直列結合してＲＬＣ振動回路を形成します。これは、第二章で紹介したテスラコイル構造の二次コイルといくつかの類似点があります。

２０１９年４月、私はホメオパシー療法で使用されるレメディー（治療薬）について考えました。ウイルスを含む水溶液を、10倍ずつ連続して何度も希釈すると、なぜか地磁気０・５ガウスの磁場の影響下で、溶液が数十から数百ヘルツの無線電波を発生させるのです。そしてその結果、ウイルスの情報が水中に残り、情報水としてレメディー（治療薬）が作られ病気の治療に使われるのです。

無線電波の発生は、水溶液中のイオンが磁場の周りを回転することと関係があり、その回転周波数が放出される電磁波の周波数を決定します。私は突然のひらめきで、磁場が電子やイオンに対して以下の二つの作用を及ぼすことに気付きました。

次のページ、図3−5に示されるように：まず第一に、電子（またはイオン）の赤いスピン磁気モーメント、つまりスピン角運動量Spは、磁場の方向に沿って傾斜または整列します。第二に、電子は磁場の垂直方向に沿って回転し、磁場の周りを一定の周波数で回転することを意味します。この回転周波数が磁場の周波数と一致する場合、サイクロトロン共鳴が発生し、磁場のエネルギーが大量に電子に移動します。この電子の運動は、梁為傑博士の理論で導かれたトーションフィールド生成のメカニズムそのものです。電子のスピン角運動量に加え、大規模な軌道回転運動がトーションフィールドを生成することができるとされます。

図3－5　磁場が電子やイオンに与える影響

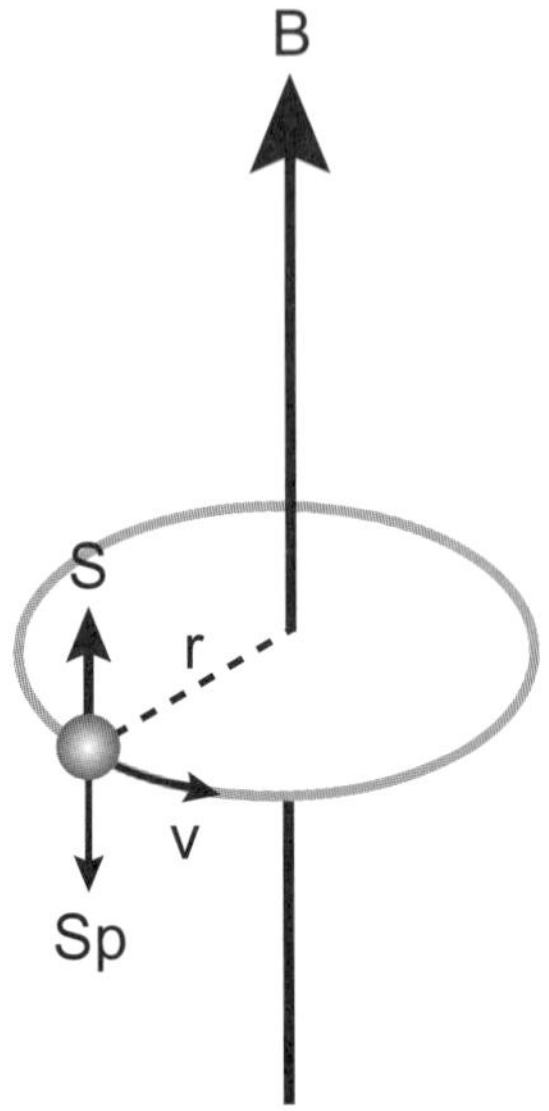

Point !

電子は磁場 B の中で速度 v で回転運動を行い、赤い矢印 S は電子のスピン磁気モーメントであり、磁場と整列している。黒い矢印 Sp は下向きのスピン角運動量であり、軌道の回転と結合してトーションフィールドを生成する。

私は突然気付きました。実は、螺旋(らせん)状の導電線コイル、すなわち普通のインダクタが、適切に設計されることでトーションフィールド生成装置となり得るのです。コイル内を高速で流れる電流は、コイルの中心に沿って磁場を生成し、流れる電子のスピンを整列させます。コイルの中央に磁石を配置すると、効果がさらに高まります。これにより、電子のスピン角運動量は実数時空に無数の整然とした微小な穴を切り開き、さらに高速でコイルを回転させることで、大きな時空の裂け目を形成します。これがトーションフィールドです。

この発見により、アキモフ（Akimov）トーションフィールド生成装置とスフィルマン（Sphilman）トーションフィールド生成装置の原理が完全に一致していることが明らかになったのです。どちらも、整然としたスピンを持つ電子の大規模な軌道回転運動によってトーションフィールドを生成しています。私は安心しました。これにより、両者の原理が統一され、矛盾が解消されました。

この発見は、テスラが設計したコイルを思い出させます。1893年、テスラは地球の環境からエネルギーを抽出するための電磁コイルの特許を申請しました。基本的にはトーションフィールド生成装置であり、トーションフィールドを生成して放射し、物質界と非物質界を通過して情報フィールド（霊界）のエネルギーを物質（実数）世界の発電機に注ぎ込むものでした。これは物質世界におけるエネルギー保存の法則を覆すものであり、唯物論を崇拝する現代科学から排斥される原因となりました。

水晶のエネルギー場の神秘的な特性

水晶そのものがエネルギー場を持っていることは、一般に感覚が繊細な人々であれば感じることができます。その主な理由は水晶の結晶構造にあります。水晶の結晶は三方晶系構造（図3―6参照）であり、三本の螺旋（異なる色の正四面体）が互いに絡み合って形成されています。各色の正四面体は SiO_4 小結晶で、シリコン原子（Si）が中心にあり、酸素原子（O）が四つの角に位置しています。全体として見れば、石英の結晶原子は二酸化シリコン（SiO_2）の結晶で構成されています。このような螺旋構造は、マクロなトーションフィールドを生成する可能性があります。

ただし、水晶自体が生成するエネルギー場は非常に弱く、実験に利用するには不十分です。そのため、エネルギー場を強化する必要があります。実験では、非常に強力であるものの散乱しているエネルギー場を持つチェコ隕石を源とし、その隕石を、削って十二面体にした水晶の尖柱の太い端に固定しました（図3―7参照）。このエネルギー場は、水晶分子の螺旋構造を通過することで調整され、円柱状の渦巻き時空構造を形成し、結晶から射出されます。これにより、敏感な人なら小さな円点として感じ取ることができます。

図3－6　水晶の構造

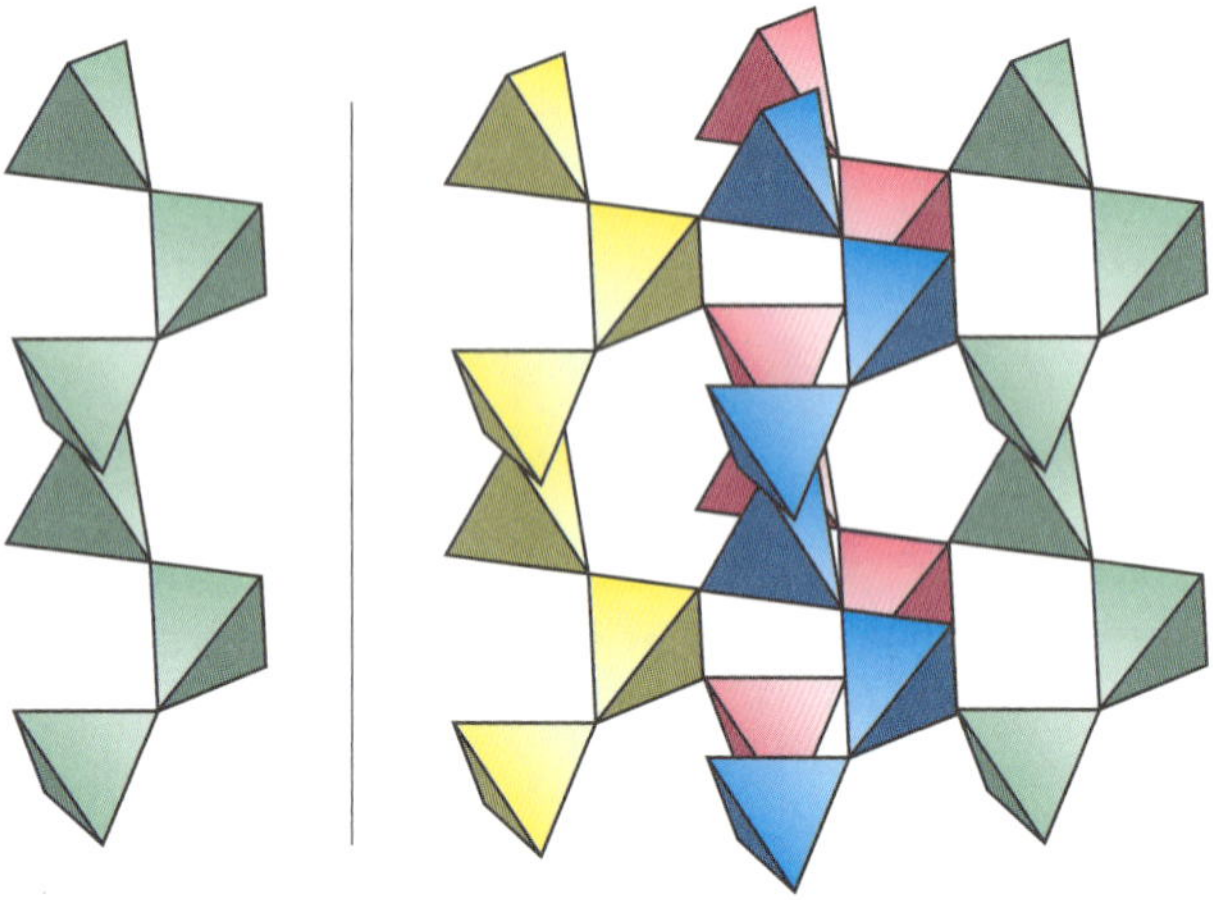

Point !

水晶の構造は三方晶系であり、3本の螺旋（異なる色の正四面体）が互いに絡み合って形成されています。それぞれの色付きの正四面体は SiO_4 で、中心にシリコン原子、四隅に酸素原子が位置しています。全体として石英結晶の原子は二酸化シリコン（SiO_2）で構成されています。このような螺旋状の構造は、マクロのトーションフィールドを生成する可能性があります。

図３－７　水晶のエネルギー場実験方法と道具

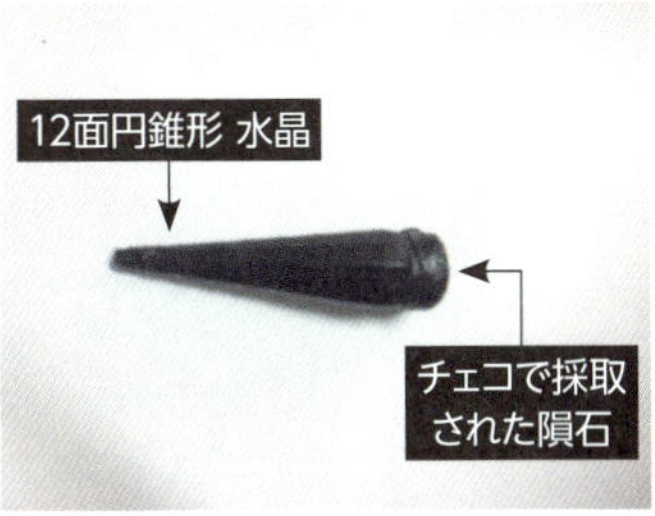

(a) 水晶のエネルギー場生成器

(a) は水晶のエネルギー場生成器。右端にチェコで採取された隕石、その左側には12面円錐形水晶を黒色のガムテープで固定。(b) アイマスクで目隠しをした状態で、手のひらを使ってエネルギー（気）を感知する実験。

(b) アイマスクで目隠しをした状態で、手のひらを使って
エネルギー（気）を感知しているＴさん。

隕石がなぜ散乱したエネルギー場を生成するのかというと、それは粒子のスピンに関係しています。隕石内部には磁性原子が散乱して配置されており、磁場が互いに打ち消し合うため外部に測定可能な磁場を生成できません。しかし、磁性原子の内部電子スピンは整然と配置されており、その大きなスピン角運動量が時空を引き裂き、渦巻きのトーションフィールドを形成します。これが散乱したエネルギー場となるのです。

『科學氣功』第三章では、多くのトーションフィールド照射後の水分子の核磁気共鳴データを紹介し、水晶のエネルギー場がトーションフィールドであると推論しました。ここではその内容を省略します。次に水晶のエネルギー場のいくつかの神秘的な特性を紹介します。

「佛」字による水晶のエネルギー場への吸引と増幅効果

水晶のエネルギー場にはどのような興味深い物理特性があるのでしょうか？　これは指先文字識別能力の特異能力を持つTさんに調べてもらいました。

まず、シンクロトロン放射光研究センターの陳博士が開発した水晶のエネルギー場生成器を使用しました。陳博士はチェコ隕石をエネルギー場の発射源として使用し、それを12面の円錐状に削った水晶柱の後方に黒いテープで固定しました（図3－7（a）参照）。この水晶柱は、チェコ隕石から発せられる気を集中させ、レーザーのように射出します。エネルギー束の直径は水晶の錐先と同じ約5ミリメートルです。

実験では、水晶のエネルギー場生成器を水平に設置し、Tさんが不透光のアイマスクを着用し、右手のひらを生成器から約30センチの距離に置きます。最初にエネルギー場の形状と強度を感じ、その後、実験者が遮蔽物を水晶のエネルギー場の前に置きます（図3－7（b）参照）。Tさんはエネルギー場の強度と形状の変化を報告します。感覚が不確かな場合は、確信が持てるまで数回繰り返します。

Tさんのエネルギー場の強弱変化に対する精度を上げるために、物体を通過するエネルギー場の強度を設定しました。例えば10から6と。その後、Tさんに知らせずに同じ物体をランダムに再測定し、同じ数値になるまで続けました。

Tさんの感応によると、水晶生成器の円柱型エネルギー場は約90センチメートルの長さがあり、その範囲内のエネルギー場強度は非常に均一です。

Tさんは過去に指先文字識別実験を行った際、特定の宗教的な言葉（例えば「佛」、「観音」、「菩薩」、「イエス・キリスト」など）に反応して、第三の眼で不思議な現象を見ることがありました。例えば、光、光る人、十字架、笑い声です。私たちは、これらを「神聖文字」と呼びます。

水晶のエネルギー場は、白紙や通常の文字が書かれた紙を通過しても、影響を受け

図３−８　水晶のエネルギー場が「佛」字を通過した後の変化

(a) 水晶のエネルギー場が「佛」字を通過するとエネルギー場が拡大される

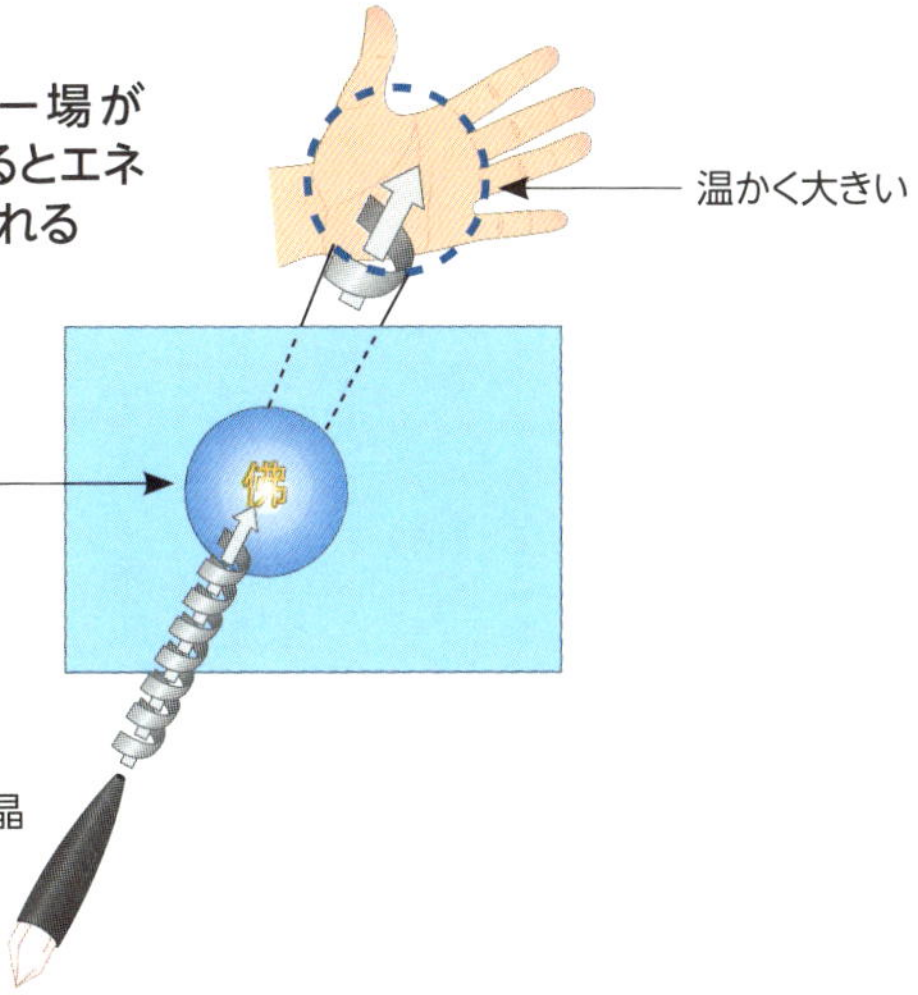

(b) 2017〜2018年の実験で発見したこと。7人の学生の手のひらでも水晶のエネルギー場が「佛」字を通過するとエネルギー場が拡大したことを感知。

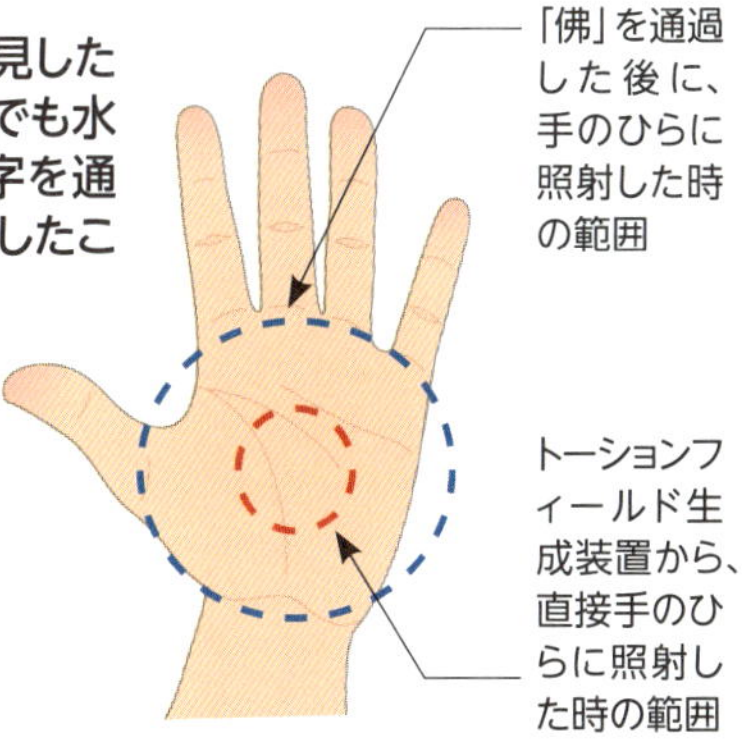

(a) の図は、水晶のエネルギー場が神聖文字である「佛」字を通過すると、温かく大きな円になる様子を示しています。

(b) の図は、トーションフィールド生成装置で直接手を照らすと、赤色の円の位置で麻痺感を感じ、「佛」字を通して手を照らすと、麻痺感が青色の円に拡大する様子を示しています。もしトーションフィールドを水で濡らした紙で遮ると、感覚が弱まるか消えてしまいます。

ることなくそのまま通り抜け、強度も弱まりません。しかし、水晶のエネルギー場が「佛」などの神聖文字を通過すると、エネルギー場が大きな円形に変わり、温かく感じられることがあります。これは、エネルギーが強くなり、その範囲も広がったことを示しています（前のページ、図3－8（a）、3－8（b）参照）。

さらに、「佛」の字の周囲で水晶を移動させてエネルギー場をテストした結果、「佛」の字の一文字分の範囲内でも同様の効果が見られ、エネルギー場が大きな円形に変わり、強く感じられることがわかりました。つまり、エネルギー場は「佛」の文字の横断面を通過する際に、「佛」を認識し、「神聖文字」と同じ効果を生み出すのです。この現象については、第四章で詳しく説明します。

一般の人々もこの増幅効果を実感できるのでしょうか？

２０１６年から２０１９年にかけて、国立台湾大学の電気工学科で開講した「身体潜在能力論」の授業で、受講生のトーションフィールドに対する感受性をテストしました。方法は、全員に目を閉じてもらい、左右の手のひらを作動中のトーションフィールド生成装置の下20〜30センチの位置に30秒ほど置いてもらうというものでした。何らかの特別な感覚（痺れ、涼しさ、風、他の動的な感覚）を感じた学生を選び出して、さらに詳細な実験を行いました。

4学期間で約150人の学生をテストした結果、約15％から20％の学生がトーションフィールドに対して何らかの感覚を持ち、約5％の学生がトーションフィールドに非常に敏感であることがわかりました。これらの学生はトーションフィールドの範囲や強度を感じ取るだけでなく、痺れが心包経を通って中衝から肘関節の曲池まで移動する（図3－9参照）ことも感じました。

これにより、人々の経絡を通じて、トーションフィールドに対する感受性が異なることが明らかになりました。大部分の人は経絡に対する感受性が低いですが、6分の

図3－9　トーションフィールドが引き起こす手の痺れる部位

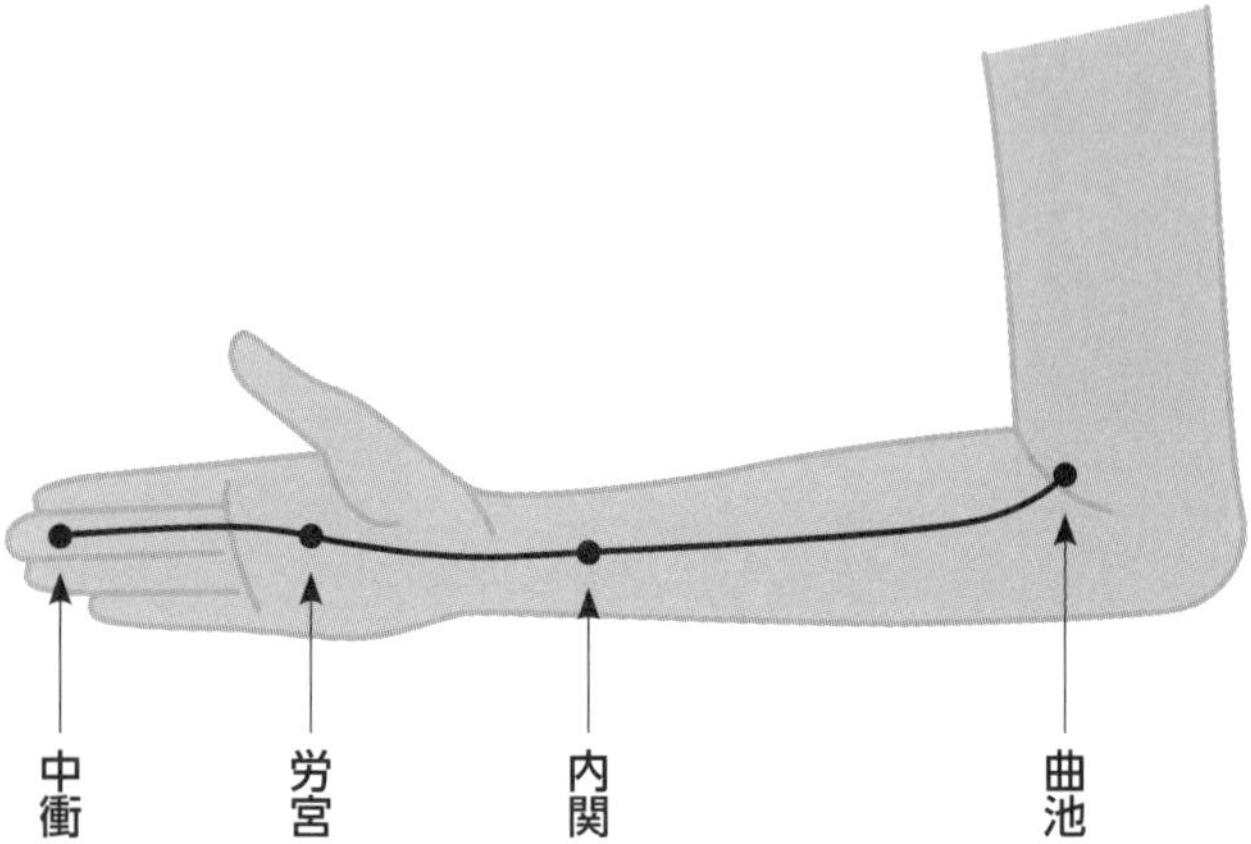

Point !

約150人をテストした結果、約5％の学生がトーションフィールドに対して非常に敏感であることがわかりました。これらの学生は、トーションフィールドの範囲や強度を感じ取るだけでなく、痺れる感覚が心包経に沿って中衝から肘近くの曲池まで移動したことを感じました。

1から5分の1の人は感受性が高く、20人に1人は非常に高い感受性を持っています。トーションフィールドを感じるためには、経絡に対して敏感な人が必要であり、Tさんのような人がその役割を果たすのです。

私たちは2年間で、経絡に非常に敏感な7人の学生を見つけました。そして、紙を水で濡らしてトーションフィールドを遮ると、トーションフィールドの感覚が弱まったり、消えたりすることを発見しました。つまり、水がトーションフィールドを吸収するということです。

トーションフィールドを直接手に当てた場合、学生は手のひらの円形の赤い領域に痺れを感じます（図3－8（b）参照）。しかし、トーションフィールドが「佛」字を通過した後（注意：学生は目を閉じており、私たちが何をしているのか知りません）、彼らは驚いていました。なぜなら、赤い円形の領域が青い円形の領域に拡大し、手のひらの範囲を超えて感覚が強くなったからです。この結果は、２０００年代初頭にTさんが水晶のエネルギー場を使って行った実験結果を完全に裏付けるものであり、水晶のエネルギー場がトーションフィールドであることを再度証明しています。

この2年間で、北京大学任全勝副教授の発見によって、第4の水の相がトーションフィールドの検出器として使用できることがわかりました。これは人の感覚に頼る必要がありません。私たちは2年間にわたり、第4の水の相をトーションフィールドの検出器として使用し、多くの実験を行いました。その結果、トーションフィールドが「佛」字を通過すると、確かに増幅されることが確認されました。

私は『科學氣功』第四章で、気の移動と吸引現象について議論しています。これは、狭い紙片に「佛」字を書き、その「佛」字の大きさが紙片の幅の半分以上を超えると、とても神奇な現象が起こるというものです。具体的な現象は、図3－10に示されています。

図3－10　吸収因子と気伝導現象

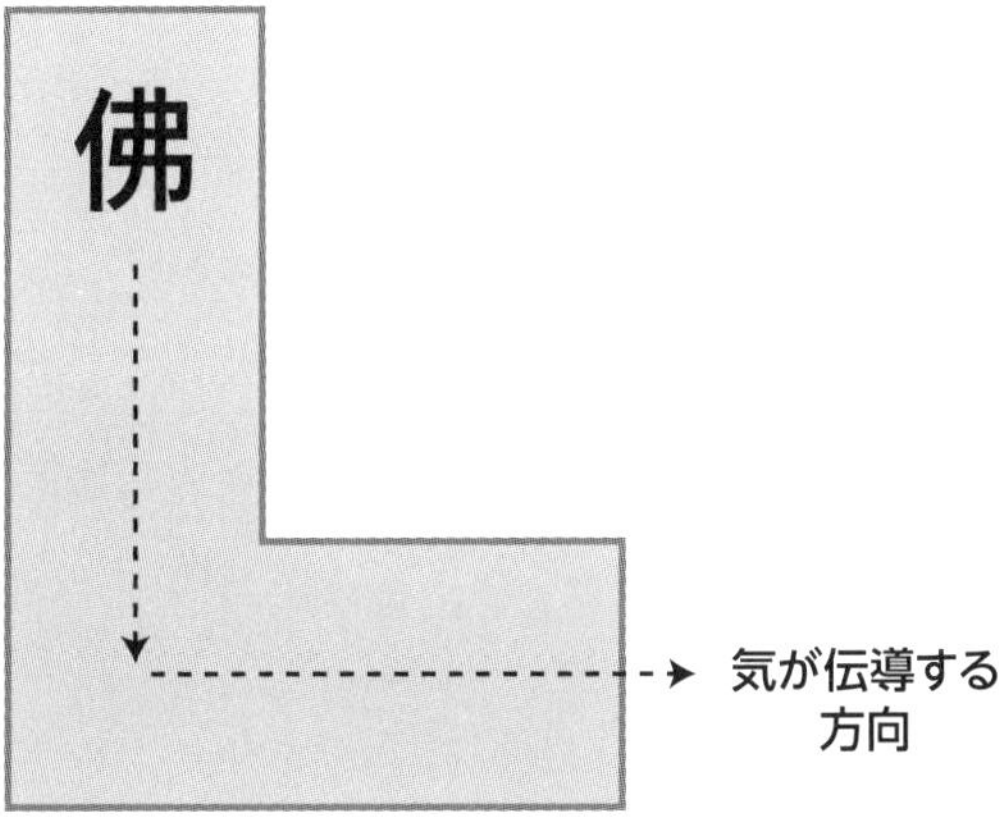

Point !

「佛」字の大きさが紙片の幅の半分以上になると、「吸収因子」となり、遠くから気伝導を通ってくる気を引き寄せ、直角に投射します。

紙の上に書かれた「佛」字の周りに、気の境界ができると、気の境界線は、（まるで紙が気を吸い込むように）一番近くの紙の端まで広がり、それ以上進めなくなると、他の方向で空白の方向に向かって進み出し、紙全体が気の通りとなり、最終的には、エネルギーを直角に投射します。また、水晶エネルギーを紙の上に投射すると「佛」字は、「吸収因子」となります。紙の端にある「佛」字に向かって、水晶エネルギーのねじれ場構造の伝導が始まり、水晶エネルギーを吸収した後、投射します。この現象により、次の疑問が生じます。他の神聖文字も同じ現象を引き起こすのでしょうか？

神聖文字の構造がエネルギー境界に与える破壊と修復の影響

「佛」字のエネルギー境界線は、「佛」字自体の大きさの9倍、長さと幅は、それぞれ3倍あります。このエネルギーの境界面が他の文字や図案によって破壊されたり、切断されてから再び復元された場合、水晶のエネルギー場の拡大能力にどのような変化が生じるのか？　これは非常に研究する価値のある問題です。

次のページ、図3―11に示されているのは、この実験の結果です。第一列：エネルギー場を手書きの佛字に直接照射した場合、感覚は強く、大きな円になり、エネルギー場が拡大されました。第二列：佛字の下にボールペンで横線を引いた場合、その線の長さは佛字より少し大きい程度です。結果として、エネルギー場は半円形に変わり、上半分だけが感じられ、下半分は破壊されました。第三列：佛字の下の横線を白色修正テープで消した場合、紙上では再び完全できれいな佛字に見えますが、エネルギー場が通過する感覚は依然として半円形で、大きな円には戻りません。これにより、物質世界の修復や隠蔽では、佛字が虚数時空（情報フィールド（霊界））で受けた破壊を補えないことが示されます。つまり、エネルギー場は情報フィールド（霊界）の時空情報を感知できるのです。

第四列：佛字を半分に切断した場合、当然、拡大作用は消失し、エネルギー場は変化しません。

図3－11　佛字のエネルギー境界面が破壊された後の復元と拡大能力の変化

<table>
<tr><th>障害物</th><th>実験結果</th></tr>
<tr><td>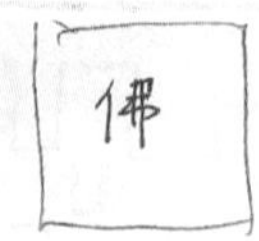
</td><td>感覚が強くなり、その範囲が大きくなる。</td></tr>
<tr><td>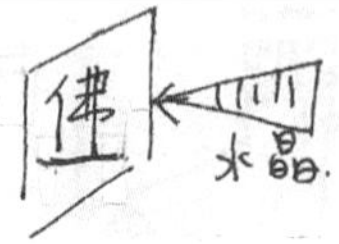
</td><td>「佛」字の下に一本線を書き足すと、感知する範囲が、円形から半円形に変わる。</td></tr>
<tr><td>

翻訳なし</td><td>書き足した一本線を修正テープで消しても、感知する範囲は、半円形のまま。</td></tr>
<tr><td>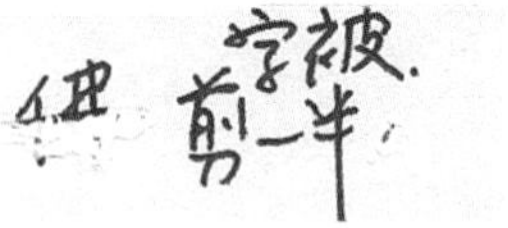
</td><td>「佛」字を半分に切っても、感知する範囲は変わらない。</td></tr>
<tr><td>
</td><td>半分に切った「佛」字をテープを使って、元に戻すと、感知する範囲の形は円形のままですが、感覚は弱まる。</td></tr>
<tr><td>
</td><td>２枚の同じ紙を用意し、１枚目には佛字を書き、２枚目は白紙のままで、重ねておく。感覚に影響はなく、エネルギー場は大きく、強くなった。</td></tr>
</table>

第五列：切断された佛字を透明テープで再び貼り合わせた場合、見た目は元の佛字と同じです。しかし、水晶のエネルギー場を照射すると、再び円形に戻りますが、強度は元の佛字よりも弱くなります。これにより、佛字が一度破壊されると、ある程度の損傷が発生し、これは実数の物質世界ではなく、別の世界で起こっていることを示します。この理由については、第四章で詳細に説明します。第六列：佛字の前に別の白紙を置いて遮った場合、その紙は何の遮断機能も発揮せず、エネルギー場は直接通過し、第二の紙に書かれた佛字によって拡大され、強く感じられました。

他の神聖文字が水晶のエネルギー場に与える吸収効果

図3－12に示されている通り、神聖文字である「佛」字は、エネルギー場の吸収因子として機能します。この「佛」字は、気伝導を通過するエネルギー場を引き寄せ、「佛」字の方向へと放出させます。

図３－12　気の吸収因子

(a) 水晶の渦巻きエネルギー場をＵ字型の紙の左上角に照射すると紙を通過する。

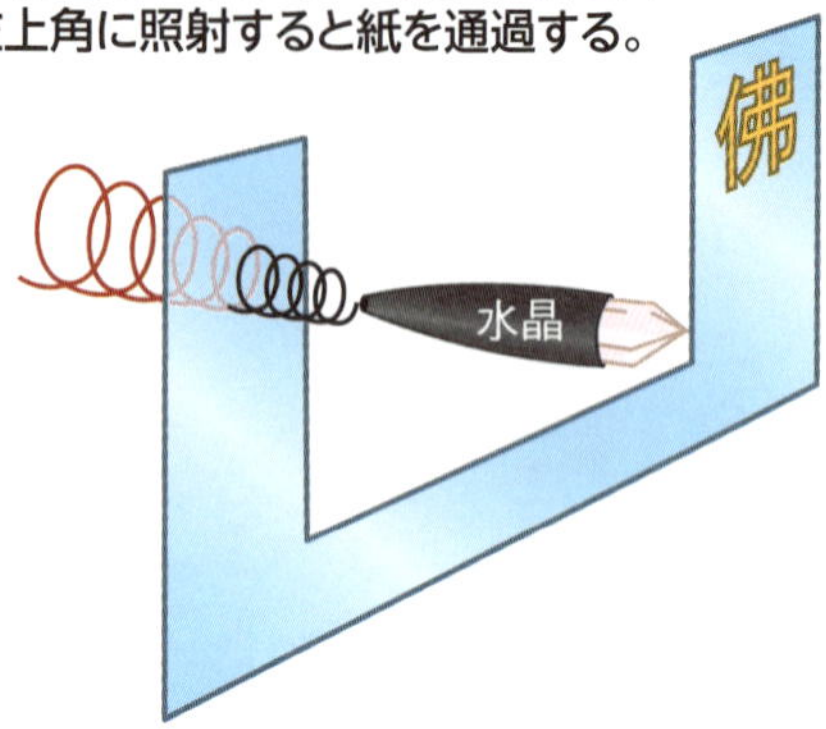

(b) 紙を通過していたエネルギー場が、右上にある佛字に吸い寄せられる。

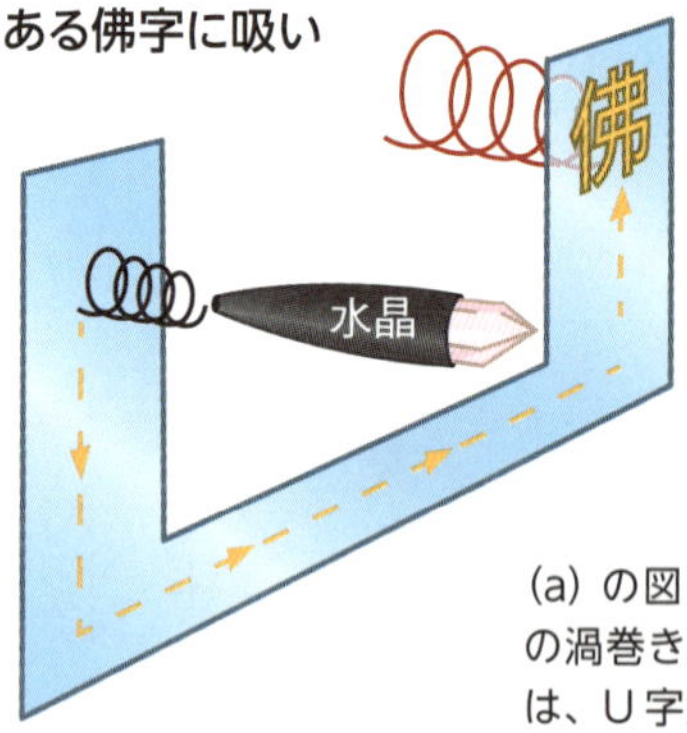

(a) の図のように水晶の渦巻きエネルギー場は、Ｕ字型の紙を通過する。通過したエネルギーを赤色で表示し、(b) の図のように佛に吸い寄せられる。

図3－12（a）は、水晶のエネルギー場をU字型の気伝導の左上角に流したもので、右上角には佛字が書かれています。佛字の大きさが気伝導の幅の半分以上を占めるため、吸収因子として機能しています。図3－12（a）では、ねじれ場が紙面の左上角から貫通しており、紙を透過した部分は赤い螺旋で示されています。この赤い部分は、図3－12（b）に示されるように、右上角の佛字によって形成された大きなねじれ場に引き寄せられ、U字型の気伝導に沿って運動し、佛字に到達してから外に放出されます。この運動過程は、Tさんのような特異能力者なら手のひらで感じ取ることができます。

ここで、佛字の反応を見ると、次の疑問が湧いてきます。佛字以外にも、他の神聖文字が同様のエネルギー場の拡大および吸引効果を持っているのでしょうか？

図3－13は、通常の山型、U字型、またはM字型の気伝導を示しています。1列目の山型の気伝導の右上に「観音」という文字が書かれており、その大きさは紙の幅の

半分以上で、右上の角に水晶のエネルギー場が当たると吸収因子を形成します。❶「観音」という二つの文字の位置では、エネルギー場の強度が元の10から15～16に増加し「観音」という言葉がエネルギー場を増幅することもできることを意味します。❷または❸の青い円の位置に当たるエネルギー場は「観音」という文字によって形成された吸収因子に引き寄せられ、U字型の気伝導に沿って「観音」という文字に向かって移動します。結果❷と❸のU字型の軌道はTさんの手のひらの感触です。

第二列のM字型気伝導の右下には「孔子」という文字を書き、エネルギー場を直接「孔子」の文字❶に当てると、エネルギー場は動的で刺すような感覚がありますが、増幅の効果はありません。静的なエネルギー場が動的なエネルギー場に変わるだけです。エネルギー場を❷の位置に当てると、エネルギー場は手のひらから感じられなくなります。もし水晶のエネルギー場をM字型気伝導の中央の❸の位置に当てると、エネルギー場は「孔子」の文字に引き寄せられ、まず上に上昇し、次に下に伝わり、右下角に到達します。どうやら神聖文字「孔子」にも引き寄せる力があるようです。

しかし、第三列の「老子」という二文字には反応がありませんでした。「老子」にエネルギー場を照射しても強度に変化はなく、静態から動態への変化も見られませんでした。これはこの字が吸収因子を持っていないことを示しています。その原因は、その日「老子」が、彼の情報フィールドの場所にいなかったためかもしれません。Tさんが指先文字識別能力で「孔子」と「老子」を識別する反応はほぼ同じであり、どちらもその情報フィールドの場所にアクセスすると、暗い人影が現れる感覚がするというものでした。

次に、第四列のU字型気伝導の右上角に「イエス・キリスト」と書くと、エネルギー場に対して増幅効果を持ち、左上角の位置に打った❷のエネルギー場を引き寄せ、U字型の通路を通って右上角に移動しました。

次に、「文殊」と書いた小さな紙を第四列のU字型気伝導の左上方に貼り付けまし

図3－13　水晶のエネルギー場を通過したエネルギーと吸い寄せ効果のある文字

障害物	実験結果
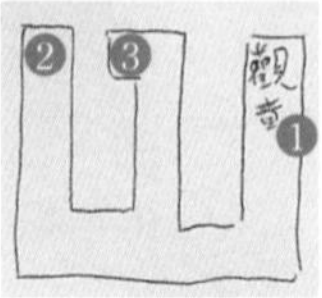	❶「観音」文字に照射すると、エネルギーの強度が10から15～16に増加する。 ❷ 気が伝導する方向： ❸ 気が伝導する方向：
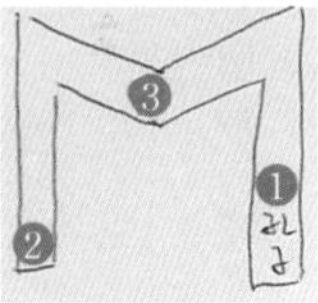	❶「孔子」文字に照射すると、エネルギーの強さは変化なし。ピリピリする感覚がある。 ❷ エネルギー場が手のひらを通り抜けて、消える。 ❸ 気が伝導する方向： 「孔子」文字に吸引作用があると判断。
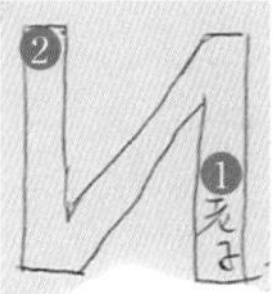	❶「老子」文字に照射すると、強度は変化なし。 ❷ エネルギー場に変化なし、「老子」文字に吸引作用がないと判断。
	❶「耶穌（イエス・キリスト）」文字に照射すると、エネルギーの強度が10から12に増加する。温かみが感じられ、エネルギー場の強度が10から12に変化します。 ❷ 気が伝導する方向： 「耶穌（イエス・キリスト）」文字に吸引作用があると判断。
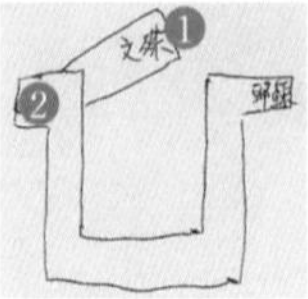	「耶穌（イエス・キリスト）」文字が書かれたＵ字型の紙の左上に、「文殊」の文字が書かれたポストイットを貼り付ける。 ❶「文殊」を叩くとエネルギー場が強くなる。 ❷ エネルギー場は「耶穌（イエス・キリスト）」に引き寄せられる。  ここの方がより暖かい。

た。結果、「文殊」もエネルギー場を増幅することができ、位置❷に打ったエネルギー場が二つの吸収因子に引っ張られました。「文殊」はエネルギー場の一部を引き寄せて増幅し、「イエス・キリスト」はエネルギー場の一部を引き寄せて、U字型気伝導を通って右上角に移動しました。

結論として、エネルギー場の変化を引き起こすすべての神聖文字、例えばエネルギー場を拡大するものや、エネルギー場を静的状態から動的状態に変える文字は、吸収因子となり、エネルギー場を気伝導を通じて神聖文字へと引き寄せるのです。

気のエネルギー伝導を生み出す図案

私たちはすでに、神聖文字によって形成される吸収因子がエネルギー場の運動を引き寄せることを発見しました。次の問題は、他の文字や図案もエネルギー場の運動を引き起こすかどうかです。後の実験で、確かにそのような例があることがわかりました。これは図3－14に示されています。

図3－14の最初の三つの図は、紙にコンピュータで描いた左回りと右回りのアルキメデスの螺旋です。第一列の実験では、右回りのアルキメデスの螺旋において、エネルギー場が外周の位置❶や内側の位置❷に打ち当たっても、エネルギー場は影響を受けません。しかし、エネルギー場が中央の位置❸に打ち当たると、エネルギー場は螺旋に沿って内側から外側へと時計回りに回転し続けます。

第二列の実験は左回りのアルキメデスの螺旋で、結果は同じでした。エネルギー場が中央❸の位置に打ち当たると、エネルギー場は螺旋に沿って内側から外側へと反時計回りに回転し続けます。

第三列の実験では、背面の中央からエネルギー場を流すと、エネルギー場は時計回りに反転して回転します。しかし、3つの異なる半径の同心円にエネルギー場を打ち

図3－14　水晶のエネルギー場がアルキメデスの螺旋と太極図に及ぼす作用

障害物	実験結果
エネルギー場を正面から照射 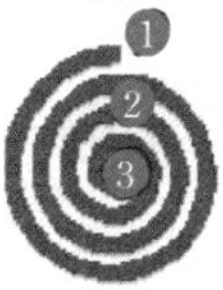	❶ 起点：変化なし。 ❷ 内輪：変化なし。 ❸ 水晶を使って中心を指すと、時計回りに移動。
エネルギー場を正面から照射 	❶ 起点：変化なし。 ❷ 内輪：変化なし。 ❸ 水晶を使って中心を指すと、反時計回りに移動。
エネルギー場を背面から照射 	❶ 水晶を使って中心を指すと、時計回りに移動。
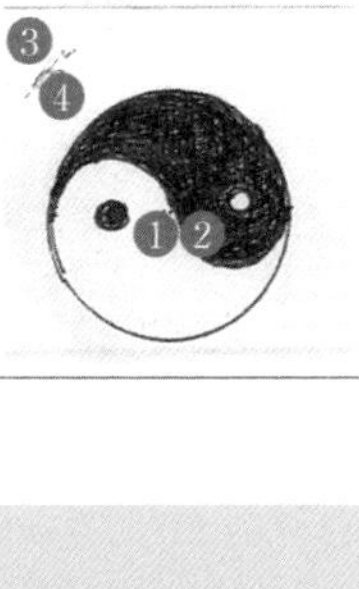	❶ エネルギー場を正面から照射、水晶を使って中心を指す。時計回りに移動。 ❷ エネルギー場を背面から照射、水晶を使って中心を指す。反時計回りに移動。 ❸ 外輪：変化なし。 ❹ 太極図に近づけると、回転運動が始まる。

当てた場合、どの位置に打ち当たっても、エネルギー場は影響を受けず、回転しません。これは、エネルギー場が螺旋構造と密接な結びつきを持っており、円形構造とは異なることを示しています。また、エネルギー場自体が螺旋構造であることを暗示しています。

第四列の実験で、太極図を使用しました。この太極図もエネルギー場の回転を引き起こします。エネルギー場が太極図の中央に打ち当たると、陰または陽の魚眼に向かって回転します。これは、魚眼が陰と陽の通路であり、この渦巻き状の通路がエネルギー場を引き寄せることを示しています。

世界初の気の振動器

前述の実験から、神聖文字を利用してエネルギー場を増幅、伝導、吸収する現象を観察することができました。これに基づいて、電子回路の振動器の原理を模倣し、気を増幅し、帰還（フィードバック）して振動を発生させる「気の振動器」を作成することが可能です。電子回路やコンピュータ、携帯電話など、さまざまな電子機器は、異なる周波数の信号を生成する振動器を必要とします。

次のページ、図3－15は、世界初の「気の振動器」です。水晶のエネルギー場が3つの「佛」という文字によって連続的に増幅され、紙製の環形気伝導にエネルギーを流してます。この環形気伝導には、その気の通りの幅の半分以上の大きさの「佛」という文字を書きます。この「佛」という文字は、単にエネルギー場を増幅する第一段階の役割を果たすだけでなく、吸収因子としても機能します。つまり、「佛」という文字で増幅されたエネルギー場が対面の紙環に流された後、そのエネルギー場を再び吸い戻し、フィードバックを行います。こうして、エネルギー場は連続的に「佛」という文字で増幅され、気伝導に流された後、再び第一の「佛」に吸い戻され、再び放出されて増幅とフィードバックの過程を繰り返します。

図3－15　世界初の気の振動器

(a)「佛」字が書かれた紙を3枚並べて、連続的に増幅させる

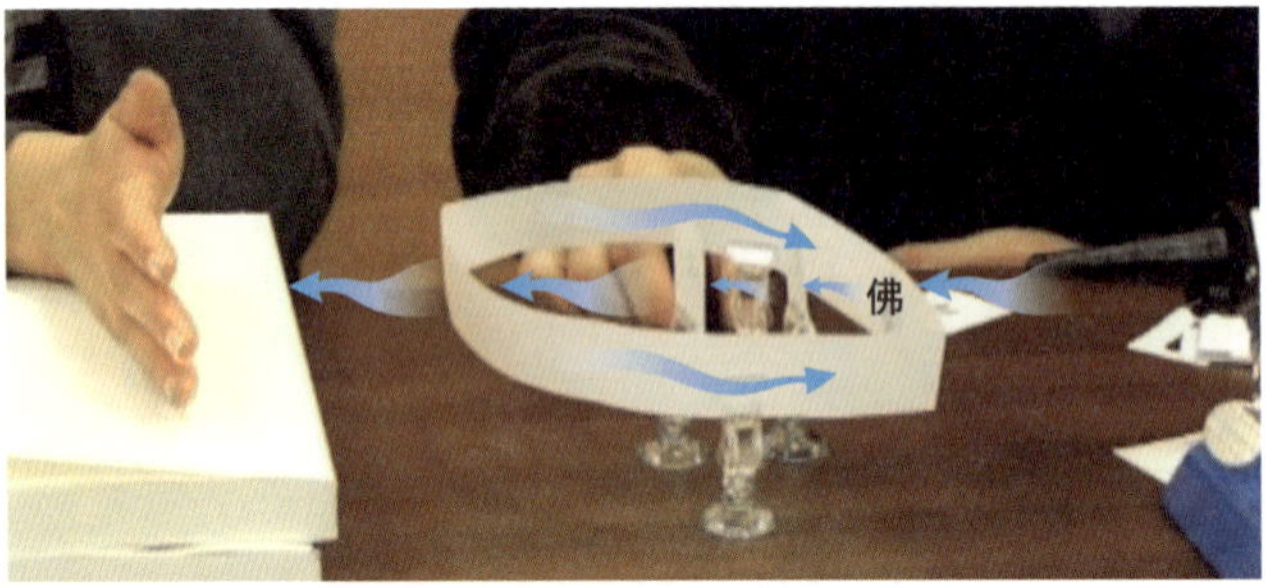

(b) エネルギー場と吸収因子を使用して
フィードバックを生成する

(a) 図は、水晶のエネルギー場が３つの「佛」字を通過して連続的に増幅される様子を示しています。(b) 図は、「佛」字が書かれた紙で輪を作り、そこにエネルギー場を照射。「佛」字を通過するとエネルギー場が増幅。さらに吸収因子としてエネルギー場を吸い込み、フィードバック作用も発生させる。

Tさんが手でエネルギー場に接触した感覚によると、全体のエネルギー場は非常に大きくなり、気伝導の内側の数センチ内と連続した「佛」字の通路内に制限されていました。一方、気伝導の外側のエネルギー場は非常に小さく感じられました。この観測結果から、これは世界初の「気の振動器」であると確信しています。この技術を利用すれば、将来的にはエネルギー場を設計し、制御して論理演算を行う装置を開発することが可能となるでしょう。しかし、エネルギー場が増幅される際、そのエネルギーは一体どこから来ているのでしょうか？

ある日、この問題を考えていたとき、突然ひらめきました。増幅されたエネルギーは明らかに虚数時空の情報フィールド（霊界）から来ているのです。私は無意識のうちに「真空エネルギー抽出装置」を発明し、一つの扉を開いたのです。現在取り出せるエネルギーは非常に小さいものですが、技術がますます成熟するにつれて、テスラが主張したように真空からエネルギーを取り出す目標を達成することができるでしょう。私たちの前に、新しい文明とエネルギーの時代が幕を開けようとしています。

第四章

陰と陽をつなげるトーションフィールド 道教・風水・八卦・佈陣の謎を解く

中国の伝統的な風水。

それは、環境や家の中にある調度品によって形成される幾何学的構造を扱い、風や水を使って気の位置や大きさを調整することです。

気場が隠（非物質）世界にも浸透する。

トーションフィールドの存在は、気場が陰陽界を行き来する中国の伝統的な風水の科学的根拠です。

風水の起源

晋朝の郭璞は、中国史上初めて風水の概念を提唱した人物です。彼は、「気は風に乗れば散り、水に触れると止まる。古人はこれを集めて散らさず、流れを制して止まらせたため、これを風水と呼ぶ」と述べています。彼は、天地の間に存在する気が風に当たると散り、水に出会うと停まると考えました。そのため、風水は地形や地勢の選択に関わるものであり、例えば、家の背後に山があると風を遮って気が散るのを防ぎ、家の前に池があると水によって気を生活空間に集めることができるとされています。

晋朝の道士、葛洪（かっこう）は「人は気の中にあり、気は人の中にある」と述べました。また、「正気歌」には「天地に正気あり、雑然として流形を賦（ふ）す（宇宙には正しいエネルギーが存在していて、乱雑に見える状態としているが、それが物の形や状態を与える)」とあります。このような気が存在するのであれば、それは人体の生理、心理状態とは無関係であり、物理的な力場であるべきです。これ以来、中国人は風水を信じるようになり、人の運勢、さらには将来のキャリアが住居や祖先の墓の方位、環境、規模および形式に影響されると考えるようになりました。

歴史の進化とともに、風水の知識は次第に二つの学派にわかれて発展しました。

第一の学派は『環境風水学』で、気を集め止めるための環境地理学です。例えば、家の玄関は南向きにして十分な日光を確保する。家をT字路の突き当たりに建てないこと。家を二つの高層ビルの間に挟まれないようにすること。家に向かって、煙突、電柱、看板などの尖った角が向かないようにすることなどが含まれます。

最良の住宅は『前朱雀、後玄武』です。前面に池があるのを朱雀、後ろに丘陵があるのを玄武と呼びます。また、『左青龍、右白虎』という条件もあります。左側に流水があるのを青龍、右側に長い道路があるのを白虎と呼びます。このような地形は、東が低く西が高く、後ろが高く前が低いという条件を満たすべきです。これらの条件を満たす住宅は、官職に就き名誉を得やすく、家族や財産が繁栄する理想的な住居とされています。

このような環境風水学の一部の規則は、現代科学でも説明できる簡単な理論に基づいていています。例えば、住居に気を集めることで、住む人々が健康で活力を得ることによって、自然に事業や学業が発展しやすくなるため、富と繁栄を得ることができます。また、二つの家が道路の突き当たりにある場合、交通事故が起こりやすくなります。高層ビルの間に位置する場合、風切り現象が発生し、住む人に不利な影響を与えることもあります。しかし、その他の大部分の規則は、現代の既知の科学ではまだ説明できないものばかりです。

第二の学派は『民俗風水学』であり、住居や祖先の墓の方位、環境、規模、室内設計、そして建築の日取りなどを選択して気を調整し、住む人の未来を予測します。これらは、現代科学では理解できない原理が大部分を占めています。

科学が発展するにつれて、風水は迷信と見なされ、次第に衰退していきました。漢方医学と同様に、多くの人々は風水を信じなくなりましたが、自身の経験や祖伝の教えに基づいて依然として強く信じている少数の人々もいます。郭璞が記述した気と、第三章で論じたトーションフィールドには共通の性質があります。例えば、トーションフィールドは水に吸収される（界水而止）、水晶のエネルギー場が回転する扇風機の羽根を通過すると引き伸ばされる（遇風則散）。したがって、風水の謎を解く鍵として、以下の三つの問題を解明する必要があります。

❶トーションフィールドの科学的性質を解明
❷宇宙の真の姿を解明
❸トーションフィールドでの宇宙の役割を解明

第三章で述べたトーションフィールドの科学的性質に加え、他の二つの側面についても詳しく説明していきます。

八卦と配置

孔子は「五十にして易を学ぶ」と述べ、『易経』の理解を深めるために『繫辞伝』上下二巻を執筆しました。易経の奥義は卦象と卦数にあり、上は天文学に、下は地理に通じています。これにより、占いや未来予測が可能となります。

孔子は、人は五十歳になって初めて十分な人生経験と知恵を蓄え、『易経』を学び始めることができると考えていました。孔子が言う『易経』とは、『周易』のことを指しています。これは、周文王が商紂王（ちゅうおう）に幽閉されている間に『易経』を研究した記録であり、春秋戦国時代の諸子百家の思想もこの書物に由来しています。

言い伝えによれば、神農時代には『連山易』があり、皇帝時代には『帰蔵易』がありました。この二つの『易』はすでに長い間失われていますが、中医学、風水、そして道教の教えなどは『連山易』と『帰蔵易』の結合の産物であると言われています。『易経』には八つの卦象からなる符号体系があります。この八つの卦象が二つずつ組み合わさることで六十四卦が生じます。『易経』で一番驚かれ、興味を持たれるのは、占い、未来予知に用いられることです。

私は、香港で絶対に当たると有名な董先生に占ってもらったことがあります。その占いの正確さに驚かされ、恐怖さえ感じました。何十年も前に交際していた女性の名前まで正確に言い当てられたのです。

科学の時代において、私たちはどのように『易経』を理解すればよいのでしょうか？　八つの卦象は0と1のデジタル組み合わせのようなものでしょうか？　『道徳経』第四十二章に、「道は一を生じ、一は二を生じ、二は三を生じ、三は万物を生ず」とあるように、三つの爻（こう）による八卦の組み合わせが万事万物を生み出すのでしょうか？

この章では、八卦の神秘的な性質が物質的な物質（実数）世界ではなく、別の世界、つまり霊界の虚象に隠されていることを示す証拠を提供します。そして、二つの世界をつなぐ鍵が「トーションフィールド」です。したがって、トーションフィールドこそが『易経』の秘密を解く鍵となるのです。また、『易経』の八卦に関連する謎の一つとして、道教の陣法があります。諸葛孔明が作った八陣図は『三国志蜀書諸葛亮伝』に記されています：「亮性長於巧思、推演兵法、作八陣図（諸葛亮は巧妙な思考に優れ、戦略を論理的に演繹し、八陣図を作り上げた）」。八陣図は極めて優れた陣法として認められ、1000年以上にわたり高く評価されてきました。陸遜が劉備の7

00里（280キロ）に及ぶ連営を焼き討ちした際、孔明は八陣図を巧みに配置しました。石を積み上げて作られた石陣は、遁甲を用いて生、傷、休、杜、景、死、驚、開の八門に分けられ、八卦の配列を取り入れ、天文地理と相互に関連しています。その威力は十万の精兵をも阻むと伝えられ、諸葛孔明はこれを湖北の蜀への入り口に配置しました。八陣図の最も重要な特徴は、その変化が絶えず続くことであり、この変化の特徴により、人々が中に入ると迷子になってしまうと言われています。

私たちが子供の頃に読んだ武侠小説でよくこのような場面があり、非常に羨ましく、憧れていましたが、この中には大きな学問が含まれています。数年前、私は60歳になり、孔子が『易』を学んだ年齢を10年も超えていましたが、依然としてぼんやりとして何の手がかりもなく、どのように陣を布くべきかもわかりませんでした。64歳を過ぎてから、トーションフィールドを用いて実験し、八卦の虚象が霊界でどのように動くかを深く理解することができました。そして、道教に詳しい友人が突然、八卦を用いて陣を布く方法を教えてくれたので、私の陣法に対する理解は飛躍的に進み、陣法の科学的な根拠を理解することができました。本章の最後でこの内容を紹介します。まず宇宙の実像を理解し、トーションフィールドの神秘的な性質を理解することから始めましょう。

複素時空と量子意識（霊性）

２０１８年に私が出版した『霊界の科学』という本では、真の宇宙に関して二つの重要な仮説を提唱し、その過程と理論内容を記述しました。当時、この二つの仮説は、宇宙の大中小のスケールにおける異常現象を統一的に説明するために提案されたものです。例えば、大スケールの宇宙においては、エネルギーの23％が暗黒物質（dark matter）、73％が暗黒エネルギーであり、通常の物質世界は宇宙全体のエネルギーのわずか４％しか占めていません。ナノスケールの量子物理学においては、量子もつれ間の情報伝達が光速を超え、アインシュタインの相対性理論に反しています。中スケールの人体の特異能力、例えば指先文字識別能力や念力などの現象は、現代科学では全く理解できません。

２０１４年、私は真の宇宙の姿を理解するために、統一された枠組みと二つの仮説を提案しました。この統一された枠組みの第一の仮説は、私たちが存在している宇宙が実際には八次元の複素（実数と虚数）時空であるということです。つまり、私たちの通常の感覚で感じられる四次元の実数時空、すなわち伝統的に「陽」と呼ばれるもののほかに、もう一つの四次元の虚数時空が存在するということです。これが伝統的に「陰」と呼ばれるものであり、そこにはさまざまな意識と情報が満ちています。

実数と虚数は密接な関係にありますが、同じ複素数の実部と虚部でありながら、実際には実虚の障壁（陰陽の見えない壁）が存在します。この障壁は、さまざまなスケールの特殊な時空点によってのみ連結されています。これらの連結点はすべて渦巻き状の時空構造、つまり三次元空間の太極図における魚眼構造です。二つの時空を連結するには、魚眼の渦巻き時空構造を経由する必要があります。

実数空間の物質が実虚障壁を破り、虚数空間に進入する鍵は次の通りです。まず、物質のサイズが渦巻き口の直径よりもはるかに小さく、連結点の通路口に正確に当たることが必要です。第二の方法として、物質が複数の物質波または量子場に進入することが挙げられます。これにより、物質は虚数時空にトンネル効果を利用して進入することができます。この考えは、量子力学の90年にわたる謎を解明し、なぜディラック（Dirac）の方程式の解である粒子の波動関数や量子場論における量子場が複素数関数であるのかを説明します。従来は、複素数の意味が理解されず、単に共役複素数の積を位置（r）および時間（t）における粒子や場の発見確率として解釈していました。

私は、この複数の物質波こそが虚数時空への鍵だと考えています。この時、物質のサイズはもはや重要ではありません。量子波は非常に小さな孔径の渦巻き時空連結点（漏斗口）を通過して、虚数時空に進入することができるのです。

私の第二の仮説は、複数の量子場や量子波動関数における虚数（ｉ）とは「意識」であるということです。つまり、複数の量子場や量子波動関数における虚数（ｉ）の存在は「意識を物理学に持ち込む」ものであり、物体が量子場に入ると「万物に霊が宿る」ということを示しています。これが量子霊的存在の出現です。

物質が基本的な粒子、光、または物体として小さいスケールや大きいスケールの量子状態になると、物質波が現れます。このとき、物質波は虚数時空に入り込み、虚数時空では量子の状態波の速度は光速をはるかに超えることができ、広大な空間を迅速に伝播します。また、過去や未来の情報を取得することも可能です。複数の波動関数は実数空間で粒子の動的性質、例えば位置や運動量を正確に測定できない原因となります。なぜなら、それらは実数および虚数時空を行き来するため、位置（ｒ）で現れる確率しか知ることができないからです。この複数時空の概念は、約90年間にわたり量子力学の本体論についての混迷を完全に解決するものであり、「量子力学が記述する量子世界の本質とは何か？」という問題に答えるものです。

指先文字識別能力とトーションフィールド感知能力は、異なる世界の物理メカニズム

指先文字識別能力は天眼が霊界の虚像をスキャンするものであり、トーションフィールド感応は物質世界の時空の歪みを感知するものです。真実の宇宙は、実と虚のそれぞれ四次元からなる八次元の複素時空で構成されているため、私は実数時空と虚数時空の間の通路は粒子のスピンによって形成される渦巻き状の時空の裂け目だと考えています。実数空間のすべての物体は原子から構成されており、原子の中のすべての

基本粒子はスピンを持ち、虚数時空への通路を持っています。そのため、虚数時空にはこの通路の出口に形成される裂け目としての虚像が現れます。この形状は実物と完全に一致するため、「一物二象」の現象が形成されるのです。

実数時空の物体は、実空間と虚空間の両方に同じ形の構造を持っています。虚空間のエネルギー形式は、自転通路を含まない場合、実数空間とコミュニケーションを取ることができず、実像を生成しないため、暗質や意識の純粋なエネルギーに属します。しかし、自転時空構造を含む場合、その通路の出口は実数時空に物質の存在しない影像（幽霊のような影）を形成します。

文字および物体の虚空構造は、指先文字識別能力や念力の作用において重要な役割を果たしています。私たちは、指先文字識別能力および念力の可能なメカニズムを提唱し、すべての特異機能が成功するためには、特異能力者の脳内に「天眼」が出現する必要があると考えています。判断によると、天眼は脳の特定の部分の生理食塩水が量子状態に入り、自分自身の意識を生じさせ、自転通路を通じて虚数時空に漏れ、文字や図形の虚像をスキャンして天眼に戻すものです。

指先文字識別能力が神聖文字を識別する際、例えば「佛」、「観音菩薩」、「イエス・キリスト」、「薬師如来」、「弥勒菩薩」などの文字の虚像は、すでにこれらの神聖な人物の意識によって虚空の中で大円や多数の小円、十字架などの異なる構造に変えられています。これらの文字の虚像は神や霊によって変更されているため、指先文字識別能力の際、天眼が虚像をスキャンすると文字は見えず、代わりに変更された影像、例えば円形の光、明るい人影、または影像が連結する世界、神や霊のウェブサイトのホームページや他の虚空の世界が見えるのです。結論として、指先文字識別能力の際、天眼が見ている影像は虚数時空の虚像です。

特異能力を持つTさんが、トーションフィールドや水晶のエネルギー場を感知する際には、異なるメカニズムが働いています。まず、彼女が水晶のエネルギー場を感知する際には、天眼を開く必要がありません。したがって、大脳はトーションフィールドが物体を通過することによって生じる実数空間の変化を感知しているのであり、天眼で虚像をスキャンして得る虚空の情報を感知しているのではありません。問題は、彼女の大脳がどのような生理的メカニズムを用いて、これらの実数空間で調整されたトーションフィールドを感知しているのかということです。

第三章で述べたように、２０１６年から２０１７年にかけて、トーションフィールド生成装置によって生成されるトーションフィールドに敏感な数人の特異能力者を発見しました。その中の一人は、修士課程大学院生の王さんでした。彼の手のひらにある労宮に向けてトーションフィールド生成装置からトーションフィールドが照射されると、麻痺感が生じ、心包経に沿って中衝から肘の曲池に向かって進み、そこで非常に強い残留効果が現れます。帰宅後も麻痺感が完全に消えるまでに7~8時間かかることがありました。また、水晶のエネルギー場を労宮に照射しても麻痺感が生じますが、強度が弱いため、約40~50秒で消えます。これは、トーションフィールドが労宮を通過する際に心包経の経絡の時空構造を歪め、その歪みの情報が神経系の電信号を介して脳に伝達され、麻痺感として認識されることを示しています。したがって、経絡がトーションフィールドの主要な検知器であることがわかりますが、トーションフィールドを検知するためには、経絡が非常に敏感な体質の人が適しています。

Tさんと王さんは、経絡が非常に敏感な少数の人々に属します。労宮が水晶のエネルギー場に照射されると、その感覚は数秒後に消えてしまいます。一方、王先生の労宮の残留効果は、照射源の強弱に応じて変化します。弱い水晶で照射すると麻痺感は50秒ほどで消えますが、強いトーションフィールド生成装置で照射すると、麻痺感は最大で8時間続くことがあります。しかし、大多数の人々は、トーションフィールドと神経の作用を感じることができません。

これにより、指先文字識別能力の実験を行う際、特異能力者の天眼が開かれ、文字の虚空影像をスキャンし、脳に送り返され、魂と第六識が協力して虚像を見ることがわかります。また、気場（エネルギー場）を感じるときは、特異能力者の手の経絡がトーションフィールドによって歪んだ時空を探知し、それが神経系と相互作用した結果であることがわかります。しかし、気場（エネルギー場）と虚像の関係はどのようなものなのでしょうか？　虚空の動的、静的な行動を探索したり、虚像を測定することができるのでしょうか？

発見！　トーションフィールドが陰陽を行き来する

2000年に、私たちが水晶のエネルギー場を用いて実験を始めるきっかけは、あるアメリカのウェブサイトが「水晶のエネルギー場が十分に強ければ、物質世界と霊界の障壁を打破し、霊界のガイド（師匠）とコミュニケーションを取ることができる」と主張していたからです。気場（エネルギー場）は物理的な通信手段であり、陰陽両世界をつなぐことができるとされていました。しかし、10年以上の実験を行っても、この主張を検証するための信頼できる検出器を見つけることができませんでした。驚くべきことに、水晶のエネルギー場が神聖文字や伝統的な八卦などの神聖な図案を通過する際に、気場（エネルギー場）が陰陽界を通り抜けるだけでなく、図案の一物二象の虚像の静的または動的な挙動を実数時空の物質世界に投影し、特異能力者に感知させることができるという証拠を見つけました。

この重大な発見により、神聖文字や『易経』の八卦の神秘的な特性は、物質的な物質（実数）世界に存在するのではなく、虚数時空の霊界に隠れている虚像であることが理解できました。

これにより、風水の科学的な根拠や物体の虚像が虚空でどのように動くかを理解し始めることができます。また、道教の時空構造の操作や、奇門遁甲の布陣の秘密も解き明かされます。気場（エネルギー場）を利用して虚空から利用可能なエネルギーを取り出すことは、科学的な操作としてそれほど難しくなくなります。20世紀初頭にテスラが予測したいくつかの驚くべきサイエンスフィクションの物語は、21世紀半ば以前に科学によって次第に実現される可能性があるように思えます。

神聖文字からの啓示

特異能力者が指先文字識別能力を用いて「佛」、「弥勒菩薩（彌勒佛）」、「薬師如来（藥師佛）」などの神聖文字を見ると、異なるビジョンが現れます。

図4－1に示されているように、「佛」や「彌勒佛」を見ると、（図1が示すように）それぞれのウェブサイトのホームページ画像が大きな明るい円として感じます。第二列では、「弥勒菩薩（彌勒佛）」ウェブサイトの第二ページを見ると、六つの小さな明るい円が一つの円を形成しているのが見えます（図2参照）。第三列では、小さな円が時計回りに一周しているのが見えます。

図4－1　Tさんが「佛」と「弥勒佛」のウェブサイトを訪問

日付：2015年1月9日

正解解答	透視結果	実験記録
	ウェブサイトのホームページに大きな円が見え、全体がとても明るい。	天眼を開いた回数は全部で４回： ・316秒の時、最初に天眼を開いた。 ・343秒の時、２回目に天眼を開いた（最初の時から27秒間隔）。 ・363秒の時、３回目に天眼を開いた（２回目の時から20秒間隔）。 ・399秒の時、４回目に天眼を開いた（３回目の時から36秒間隔）。 ・409秒の時、天眼を閉じた（４回目の時から10秒間隔）。

日付：2004年8月6日

正解解答	透視結果	実験記録
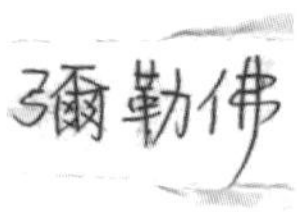	Ｔさんは指で「佛」または「弥勒佛」の字を識別すると、大きくて明るい円が見えます。 図1 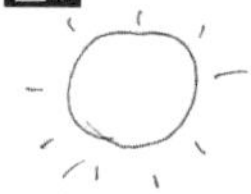 図2 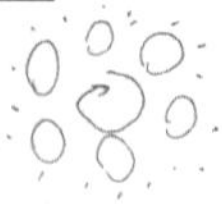	・14:10:24 開始。 ・14:14:20 一瞬のフラッシュ光を見る。 ・14:15:28 一瞬のフラッシュ光を見る。 ・14:16:39 一瞬の暗闇を見る。 ・14:17:52 一瞬のフラッシュ光を見る。 ・14:19:23 とても大きくて明るい円を見る、図１のように。 ・14:21:29 いくつかの明るい円を見る、図２のように。 ・14:23:30 すべての明るい円が一周して消えるのを見る。 ・14:25:58 一面がとても黒くなるのを見る。ガイド（師匠）にこれは何か尋ねる。 ・14:28:35 とても黒くなっていくのを見る。ガイド（師匠）の「間違っている」という声を聞く。 ・14:30:12 ガイド（師匠）が少し怒っていると感じ、「間違っている、間違っているのだ」という声を聞く。 ・14:31:40 終了

特異能力者が「藥師佛」を見ると、次のページの図4－2に示されているように、五つの小さな明るい円が整然と一列ずつ並んでいるのが見えます。それぞれの小さな明るい円は、「藥師佛」ウェブサイトの薬草畑であり、さまざまな薬草についての情報が含まれています。

Tさんが水晶のエネルギー場が「佛」字を通過するのを感知すると、第三章の127ページ図3－8（a）に示されているように、水晶のエネルギー場が大きな円になり、力が強くなったことを感じます。これは、「佛」字が虚数時空中の霊界において虚像として完全に同じ円形の大きな渦巻きに変わっていることを示しています。「佛」字は虚数時空中の霊界の虚像としての「一物二象」ではなく、霊界のウェブサイトのホームページ画像として円形の大きな渦巻きに変更されているのです。

見たところ、トーションフィールドは佛字の大渦巻き円形虚像によって拡大され、

図4－2　Tさんが「薬師如来」のウェブサイトを訪問

日付：2003年3月30日		
正解解答	透視結果	実験記録
藥師佛	Tさんが指で「薬師如来」の字を識別すると、5つの小さくて明るい円が一列ずつ並んで見えます。それぞれの明るい円は一つの薬園で、中にはさまざまな情報の薬草が含まれています。 図1 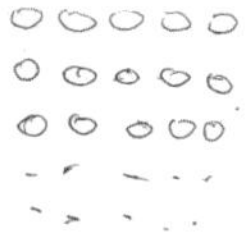 図2 	・14:48:30 開始。 ・14:52:00 一瞬の明るさを見る。 ・14:55:20 一団の光が飛び込んでくるのを見る。 ・14:57:30 それぞれの明るい光が見え、図1のように一列に並んでいる（第1と第3の薬園を見るように要求される）。 ・15:01:10 一瞬光が見えただけで、再度見ることを要求。 ・15:03:50 最初の明るい光の中から、図2のように整然と並んだ多くの植物が生えているのを見る。 ・15:05:40 空白を見る。 ・15:06:00 空白を見る。

実数時空に投射され、Tさんの手の経絡によって感知されています。これは、水晶のエネルギー場が佛字に当たると、気場（エネルギー場）の一部が虚空に入り、残りの部分が実数空間を伝達していることを示しています。虚空に入った部分は拡大され、実虚のもつれによって活性化し実数空間の気場（エネルギー場）も拡大されたのです。

水晶のエネルギー場を『彌勒佛』や『藥師佛』という二つの文字を通して労宮に照射した時、その結果は図4－3に示されています。

『彌勒佛』の三文字が間隔なし、または一文字分の間隔しかない場合、次のページの図4－3の第一、二列に示されているように、水晶のエネルギー場が『佛』の字や『彌』の字に照射されると、大きな円になり、少し温かく感じられます。これは信号が増幅され、強くなったことを示しています。

しかし、『彌勒佛』の三文字の間に二文字分の空白がある場合、図4－3の第三列

図４－３　水晶気場と文字の距離の作用：弥勒菩薩

日付：2004年12月26日

障害物	実験結果
彌勒佛 ●　○	○ 円を感じ、温かく大きくなる。 ● 同様の感覚を感じる。
彌　勒　佛 ●　　○	○ 温かく大きな円を感じ、気場がやや散らばっている。 ● 同様の感覚を感じる。
彌　　勒　　佛 ●　　　○	○ 円を感じ、少し大きい。 ● 変化を感じない。

※ ○● これは水晶のエネルギー場でこの文字を照射したことを示す。

に示されているように、『佛』の字に照射すると大きな円になりますが、『彌』の字に照射すると変化がありません。これは、この三文字の空間構造が分離し、『彌』の字と『佛』の字が連結しておらず、普通の文字として気場（エネルギー場）に影響を与えなくなったことを示しています。

また、各文字が影響を与える空間範囲は、その文字の上下左右に一文字分の範囲であることも示しています。

「薬師如来（藥師佛）」に水晶のエネルギー場を照射すると、刺すような感覚があり、わずかに右に移動するのが感じられます（次ページの図4－4参照）。

この実験は2004年12月に行われましたが、当時はその意義が理解できず、2016年になってようやく、薬師如来（藥師佛）の薬草畑内に整然と並んでいる小さな円形薬草畑を気場（エネルギー場）がスキャンしていることを悟りました。これらの

図４－４　水晶気場と文字の距離の作用：薬師如来

日付：2004年12月26日

障害物	実験結果
藥師佛 ●　○	○ 点が少しずつ動いている感じがする。 ● 同様の感覚を感じる。
藥　師　佛 ●　　○	○ 少し感覚がある。 ● 少し刺すような感じがする。
藥　　師　　佛 ●　　　○	○ 少し右に動く感じがする。 ● 感じない。

※ ○● これは水晶のエネルギー場でこの文字を照射したことを示す。

薬草畑はそれぞれが回転する小さな渦状の時空構造であり、小さな吸収因子のように気場（エネルギー場）を引き寄せます。そのため、Tさんは刺すような気場（エネルギー場）を感じ、回転する小さな時空の錐状構造が次々と小さな円を移動していくのがわかります。

これらの神聖文字を通した実験により、水晶のエネルギー場が神聖文字の虚像（大きな円形や整然と並んだ小さな円形の時空構造）を実数時空に投影し、気場（エネルギー場）の変化を経絡を通じて感知できることがわかりました。これは、神聖文字に気場（エネルギー場）が当たると、一部の気場（エネルギー場）が文字内の自旋通路を通って虚空に入り、神聖文字の虚像をスキャンし始めることを示しています。虚像に円形の渦状構造がある場合、気場（エネルギー場）は渦により強化され、隣の円形渦状時空に引かれて位置が移動することになります。

これらの虚空に入る小部分の気場（エネルギー場）は、実数時空に留まる気場（エネルギー場）と緊密にもつれ、同期して変化し、互いに影響を及ぼします。これを「実虚もつれ」の気場（エネルギー場）と呼ぶことができます。

手書きによる神秘的な八卦図

神聖文字以外に、水晶のエネルギー場を通過すると同様の陰陽もつれ現象を引き起こす図案は他にもあります。実際、多くの図案がこの現象を引き起こすことができます。

例として八卦図を取り上げて説明します。２０１４年以前、実験に使用した八卦図はすべて、手に握ったボールペンで５×５平方センチの白紙に定規を使って描かれていました。したがって、コンピュータで印字されたものではなく、図案の大きさと紙の大きさの関係も特に気にしていませんでした。図４－５は、その中の一つの八卦図に水晶のエネルギー場を通過させ、感知した結果です。

次のページ、図4－5の左列第三列の震（しん）「☳」と逆さまの艮（ごん）「☶」は、温かい感じがして信号が強化されたことを示しています。震卦と艮卦の反応は全く同じで、左に90度回転させても反応は全く同じであることが示されています。これは、図案と角度に関係がないことを示しています。

図4－5の右列第三列の離（り）「☲」では少し涼しい感覚があり、信号が減弱したことを示しています。他の卦象はすべて動的な感覚を生み出しています。例えば、右列第一列の兌（だ）卦「☱」と逆さまの巽（そん）卦「☴」は、一陣一陣と大きくなったり小さくなったりする感覚を生じ、兌卦と巽卦の反応が完全に同じであることを示しています。これも角度に関係なく反応が同じであることを示しています。

図4－5の右列第二列の坎（かん）「☵」は、少し刺すような感覚が生じます。

図4－5　水晶のエネルギー場が八卦図を通過する実験

障害物	実験結果
 兌 巽	 感覚：大きくなったり、小さくなったりその時々に変わる。  感覚：同じ感覚。  感覚：大きくなったり、小さくなったりその時々に変わる。
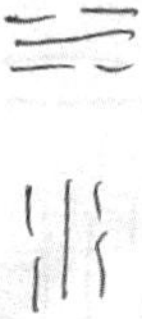 坎	 感覚：少し刺すような感覚がある。  感覚：少し刺すような感覚がある。
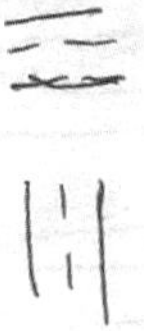 離	 感覚：少し涼しい感覚がある。  感覚：少し涼しい感覚がある。
 坤	 感覚：エネルギー場が人差し指に移動する感覚がある。  感覚：エネルギー場が人差し指に移動する感覚がある。

障害物	実験結果
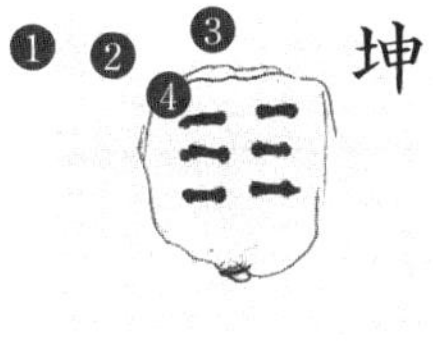	❶ 変化を感じない。 ❷ 変化を感じない。 ❸ 変化を感じない。 ❹ 少し感じる。
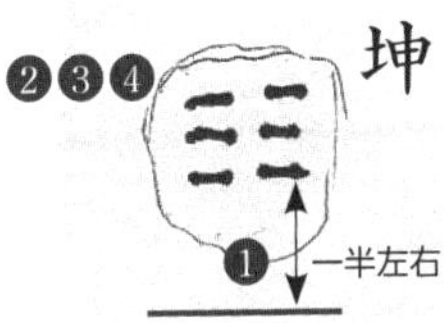	❶ 食指に少し感覚がある。 ❷ 変化を感じない。 ❸ 変化を感じない。 ❹ 少し感じる。
	 温かい感覚がある。  温かい感覚がある。  温かい感覚がある。
	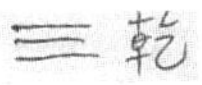 ピリッと刺すような感覚がある。  ピリッと刺すような感覚がある。

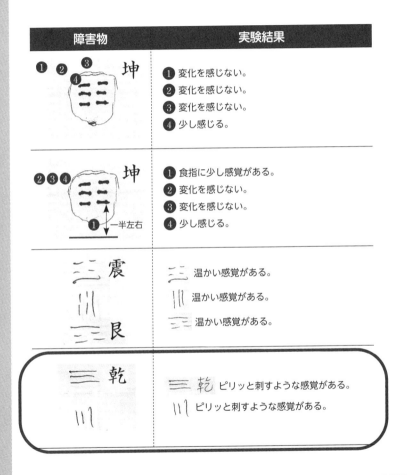

赤い枠の中は今後の研究重点です。「乾卦」の実験では、エネルギー場の感覚は刺すようなもので、その位置は掌心にあります。しかし、「坤卦」の実験では、エネルギー場は掌心から人差し指の先端に移動します。その後、これらのエネルギー場の変化が卦象のサイズに関係していることを発見しました。

特に注目すべきは、赤い円で囲まれた左列最後列の乾（けん）卦「☰」と右列第四列の坤（こん）「☷」です。乾卦では刺されるような感覚があり、気場（エネルギー場）の位置は手のひらの中央にありますが、坤卦を通過すると、気場（エネルギー場）は手のひらの中央から人差し指の先端に移動します。この時、私はこれらの感覚が何を意味するのか理解していませんでした。

実験は必ずしも再現できない場合もありました。なぜなら、図案の大きさと背景紙の大きさが一定の比率でなければ、背景紙の虚像が八卦の虚像の動きに干渉してしまうからです。２０１４年以降の実験で、これらの問題が徐々に解明されていきました。

乾「☰」の図案のガイドラインは？

乾卦を構成する三本の直線を描くのに、どのようなルールが存在するか検証しました。乾卦の三本の陽爻（こう）の長さをすべて1センチに固定し、陽爻間の距離を

0・3センチから1・5センチに調整しました。また、上下の陽爻と中央の陽爻の距離を対称または非対称に調整し、水晶のエネルギー場がこれらの図案を通過する際の反応を測定する実験を行いました。この実験の様子は次のページ、図4－6に示されています。

2016年以降、異なる年代の実験で使用されたサンプルの形式やサイズが異なるため、いくつかの反応が完全に一致しないことがわかりました。これは、サンプルの背景紙の大きさが気場（エネルギー場）が八卦図を通過する際の挙動に干渉するためです。しかし、同一の実験内では紙と図形のサイズは固定されているため、実験には信頼性があります。

今回の実験結果は、通常の乾卦が気場（エネルギー場）を約10％から20％増強させることを明確に示しています。強度は10から11～12に増強され、気場（エネルギー場）も暖かくなり、拡大効果が見られます。上下の陽爻と中央の陽爻の距離が非対称（例えば、3ミリ対5ミリ、または3ミリ対7ミリ）である場合、気場（エネルギー

図4－6　「乾卦」が陽爻の長さと間隔に与える影響

障害物	実験結果
1cm 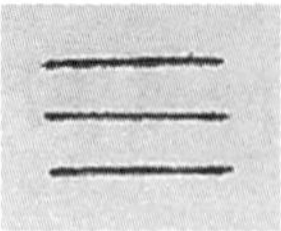 3mm 3mm	温かい感覚がある。強度が少し増加。10から11～12に増える。
1cm 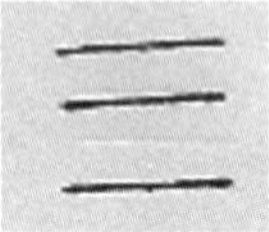 3mm 5mm	変化を感じない。
1cm 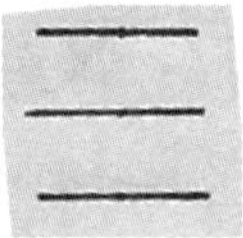 5mm 5mm	温かい感覚がある。強度が少し増加。10から11～12に増える。
1cm 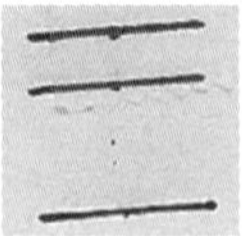 3mm 7mm	変化を感じない。
1cm 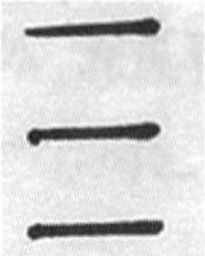 7mm 7mm	温かい感覚がある。強度が少し増加。10から11～12に増える。

障害物	実験結果
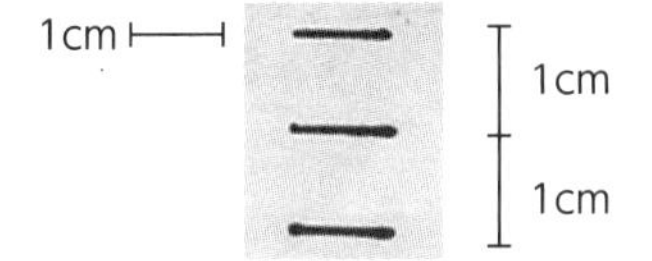 1cm 1cm 1cm	温かい感覚がある。強度は変化を感じない。
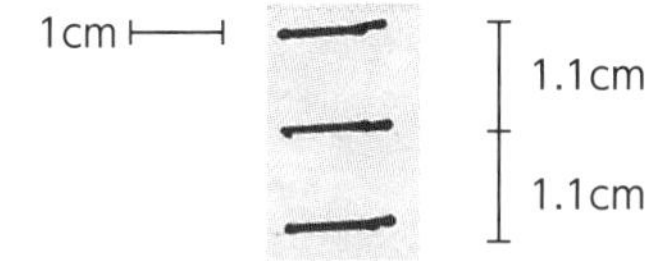 1cm 1.1cm 1.1cm	変化を感じない。
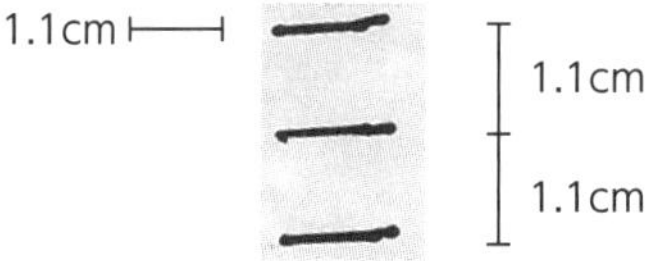 1.1cm 1.1cm 1.1cm	温かい感覚があり、さらに変化がある。
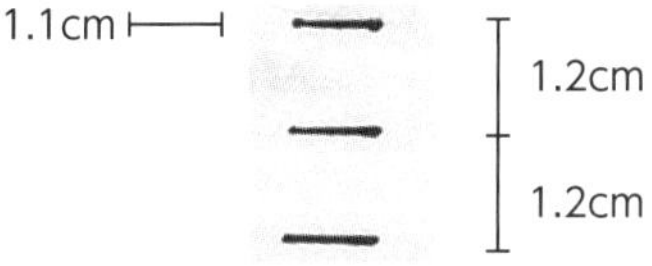 1.1cm 1.2cm 1.2cm	変化を感じない。
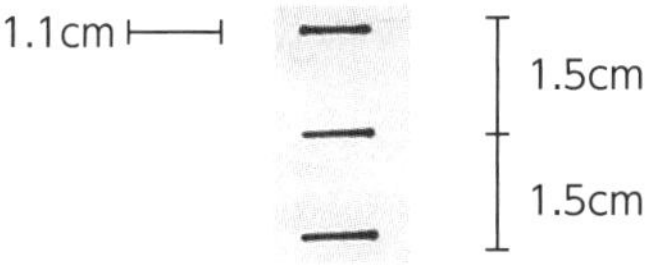 1.1cm 1.5cm 1.5cm	変化を感じない。

場）の増強効果は消失し、これらの図案はもはや乾卦を表していません。しかし、一旦対称（例えば、5ミリ対5ミリ、または7ミリ対7ミリ）に戻すと、気場（エネルギー場）の増強効果が再び現れます。

上下の陽爻と中央の陽爻の距離が1センチ、陽爻の長さと同じである場合、気場（エネルギー場）はもはや増強されませんが、少し暖かい感じがします。これは、この図案が乾卦の幾何的境界に近づいていることを示しています（左側の第一列を参照）。予想通り、上下の陽爻と中央の陽爻の距離が1・1センチになると、気場（エネルギー場）の増強効果は消失します（左側の第二列参照）。しかし、間隔を1・1センチに調整し、陽爻の長さも1・1センチに変更すると、気場（エネルギー場）の増強効果が再び現れます（左側の第三列を参照）。これにより、乾卦の幾何構造を定義する簡単な結論が導き出されます。

隣接する三本の等長の横線の長さをDとし、隣接する横線間の距離をS_1およびS_2とする場合、$S_1 = S_2 < D$ を満たすならば、これら三本の横線の幾何構造は乾卦を表すことになります。乾卦には幾何的な規範があり、単に三本の線を描くだけでは乾卦を表現できないのです。

坤「☷」の図案のガイドラインは？

まず、坤卦を隣り合った二つの乾卦「☰」として見ることができます。このため、二つの乾卦は前述したガイドラインを遵守しなければなりません。それでは、この二つの乾卦の間の距離がどのような役割を果たすのでしょうか？

この問題を研究するために、左右の六つの陰爻の長さを5ミリに固定し、左右または上下の3つの陰爻の間の距離を変更しました。図4－7には、ペンを握って描かれた異なる幾何形状の坤卦と水晶のエネルギー場の相互作用の結果が示されています。

図４－７　水晶気場と「坤卦」の作用実験

障害物	実験結果
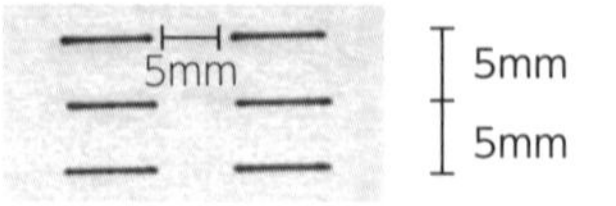5mm 5mm 5mm	エネルギー場が指先に移動する感覚がある。
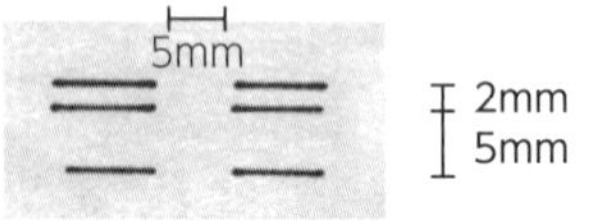5mm 2mm 5mm	変化を感じない。
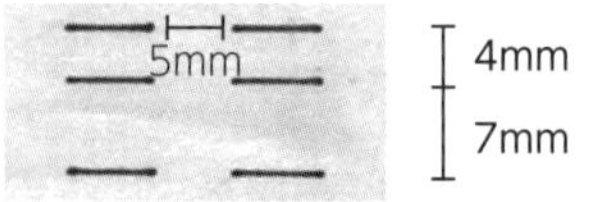5mm 4mm 7mm	変化を感じない。
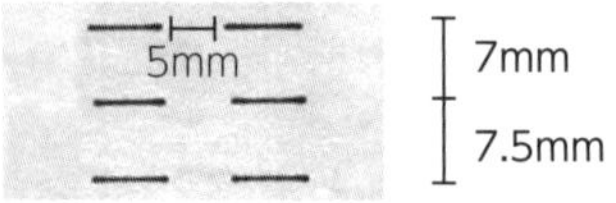5mm 7mm 7.5mm	エネルギー場が指先に移動する感覚がある。
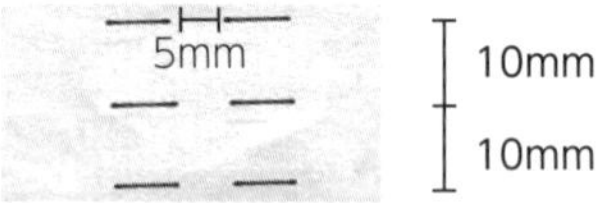5mm 10mm 10mm	変化を感じない。
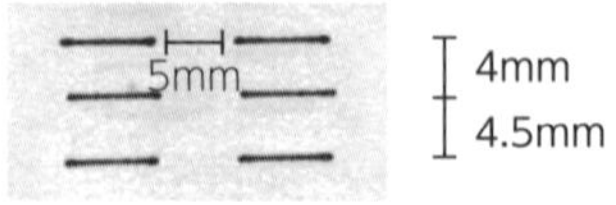5mm 4mm 4.5mm	エネルギー場が指先に移動する感覚がある。

障害物	実験結果
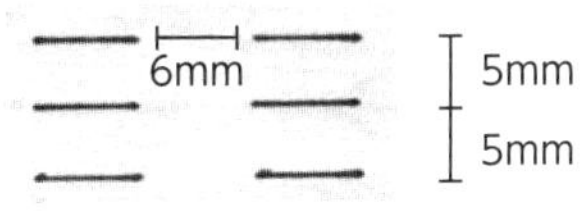	エネルギー場が指先に移動する感覚がある。
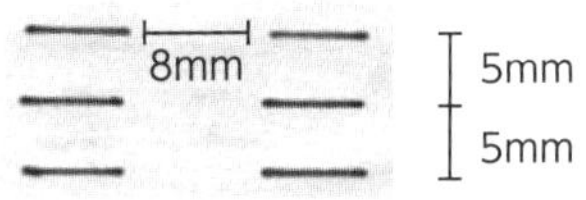	エネルギー場が後ろに移動して手首に到達する感覚がある。
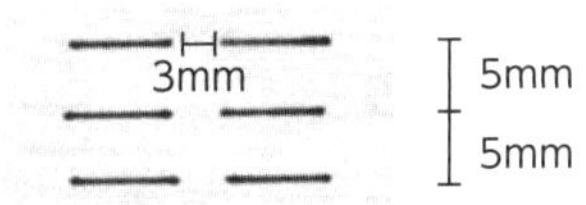	エネルギー場が指と手首に移動する感覚がある。
	変化を感じない。

この実験は、水晶気場と異なる幾何形状の坤卦の相互作用を研究するものです。坤卦の二つの陰爻の長さは5mmに固定されています。右欄は左右の陰爻の間隔が5mmの場合に、上下の三つの陰爻の距離を変えたものです。左欄は上下の三つの陰爻の隣接する能爻の距離を5mmに固定し、左右の三つの陰爻の距離を8mmから6mm、3mm、1mmに縮めたもので

右側の六列の実験は、左右の陰爻が5ミリ離れている場合に、上下三陰爻の隣り合う陰爻の距離を対称または非対称に変更した結果、または対称であっても陰爻5ミリより長い距離にした結果を示しています。左側の他の列は、左右の三陰爻の隣り合う陰爻の距離を5ミリに固定し、左右の三陰爻の距離を8ミリから6ミリ、3ミリ、1ミリに縮めた結果を示しています。

予想通り、坤卦の左右の小さな乾卦が非対称である場合、例えば図4－7右側第二列（2ミリ対5ミリ）や第三列（4ミリ対7ミリ）のように、または、対称であっても爻と爻の距離が1センチ以上の場合（第五列のように）、坤卦効果（気場（エネルギー場）が指先に移動する現象）は消失します。

右側第四列のように、二つの小さな乾卦が完全に対称ではなく、7ミリ対7・5ミリの場合、また単一の横線の長さ5ミリを超える場合、気場（エネルギー場）が少し指先に移動することを示し、わずかな坤卦効果がまだ残っていることがわかります。

右側第六列の二つの小さな乾卦は完全に対称ではなく、4ミリ対4・5ミリの場合、坤卦は全く影響を受けず、気場（エネルギー場）は依然として指先に向かって進みます。

図4－7の左側第一列では、二つの小さな乾卦の距離が六ミリに変更された場合、坤卦は影響を受けず、気場（エネルギー場）は引き続き指先に向かって進みます。

左側第二列では、二つの小さな乾卦の距離が8ミリに増加した場合、気場（エネルギー場）は後方に移動し、手首まで戻ります。

左側第三列では、二つの小さな乾卦の距離が3ミリに縮小された場合、気場（エネルギー場）は指先と手首に移動し、二つの気の流れに分裂します。一方の気の流れは指先に向かい、もう一方の気の流れは手首に向かいます。左側第四列では、二つの小さな乾卦の距離が1ミリにさらに縮小された場合、気場（エネルギー場）に変化はなく、坤卦効果は消失します。

全体的に見ると、坤卦内の二つの乾卦は、陰爻間の距離に応じて相互作用し、お互いに押し合う効果を生じます。

気場（エネルギー場）と印刷された乾・坤の作用

上記の実験から、乾卦と坤卦が水晶のエネルギー場と非常に強い作用を生じることがわかりました。しかし、手書きの卦は不規則で再現性に問題があるため、２０１４年以降はコンピュータで描き、印刷された乾卦と坤卦を使って実験を行いました。同時に、乾卦と坤卦の虚像がどのようなもので、どのような動作を生み出すかを理解する必要があると考えました。

私が、乾卦の間隔の対称性について考察していたとき、ちょうどアメリカのニューヨーク大学の前学長と会うことができました。ニューヨーク大学の上海分校の開校について議論しているところでした。法律に基づき、大学の必修科目の哲学の授業に、『道徳経』を教材として選べると彼は言いました。『道徳経』の第四十二章には次のような記述があります。法には理屈が通らない。例えば、『道は一を生み、一は二を生み、二は三を生み、三は万物を生む』という言葉があります。デジタルの世界は0と1で構成されているため、二が万物を生むべきであり、三が万物を生むのではありません。彼の言葉は、乾卦が三本の直線であり、八卦が万象を生む理由を考えるきっかけとなりました。

ある朝、目覚めてベッドに横たわりながら乾卦の規則について考えていました。上下に長さLの二本の陽爻がある場合、時空に二本の印痕の間隔として2Lの距離が生じます。ここに第三の同じ長さLの陽爻を追加すると、ちょうど中央に位置し、影響範囲は上下各Lとなり、上下の爻に接触します。このような影響が上下の爻を引き寄せ、乾卦が回転する原因となるはずです。これが図4－8に示されています。

そのため、私は指識字法を使って二つの卦の虚像を識別するよう依頼しました。その結果は、図4－9および図4－10に示されています。

2014年に初めて乾卦の実験を行ったときの結果は、図4－9の第一列に示されている通り、乾卦の虚像は天眼に現れた後、確かに時計回りに一回転して消えました。この結果に私は非常に興奮し、自分の予測が的中したことを確信しました。図4－10の右側第二列の天地卦の実験では、乾卦が天眼にスキャンされると、これも時計回りに一回転して消えました。これは乾卦の虚像が時計回りに回転する傾向があることを示しています。

しかし、2015年に同じ実験を行った際には、図4－9の第二列に示されているように、乾卦の虚像は回転しませんでした。この結果に私は困惑しました。

図４－８　乾卦の三爻間の距離とその対称性の秘密

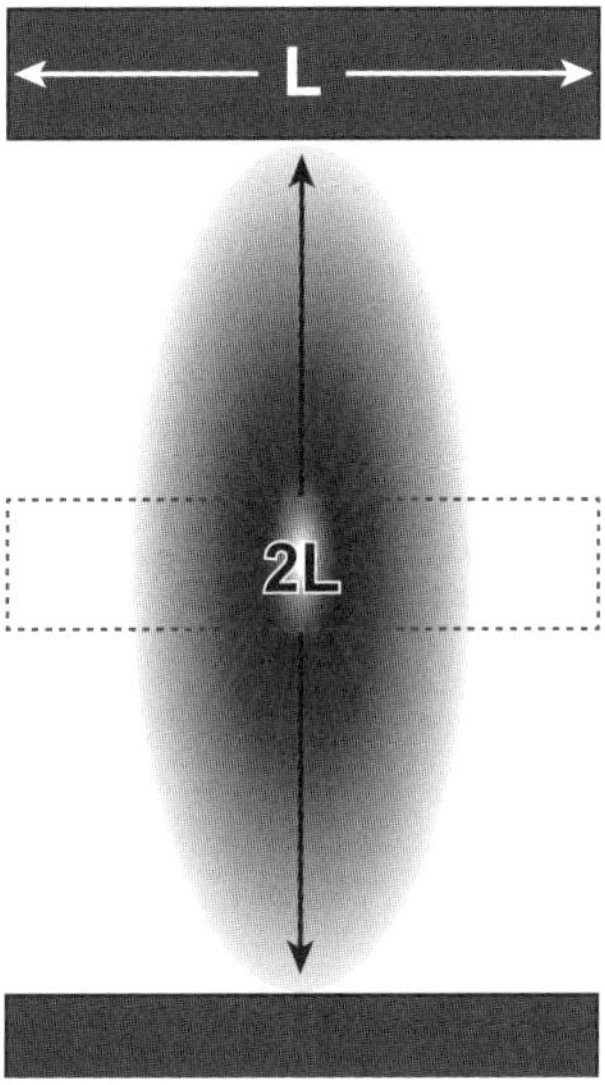

Point !

上下２つの長さがＬの陽爻は、時空に２つ同じ型の痕を作り、その間隔は2Lとなる。もし第三の陽爻も同じ長さＬで加えると、ちょうど中央に位置し、その影響範囲もちょうど自身の長さである。上下それぞれＬの範囲に影響し、上下の爻に接触する。このような影響は上下の爻を引っ張り、乾卦が回転するようになる。

図4－9　Tさんが指で「乾卦」を識別する

日付：2014年3月5日

正解解答	透視結果	実験記録
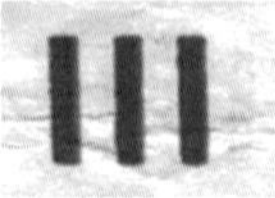		・11:56:30 開始。 ・12:01:20  出現、時計回りに一周して消える。 ・12:01:50 終了。

日付：2015年1月19日

正解解答	透視結果	実験記録
		・12:17:00 開始。 ・12:21:00  出現、動きなし。 ・12:21:40 終了。

日付：2016年2月22日

正解解答	透視結果	実験記録
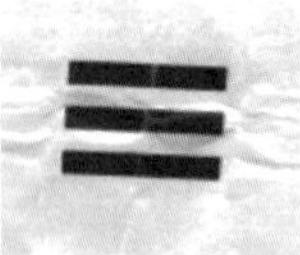	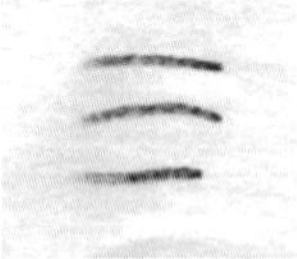	・17:34:50 一瞬のフラッシュ光を見る。 ・17:35:23 付近で反応が始まる。 ・17:36:14 乾卦が一周した後、見えなくなる。

その後、私は乾卦の図案が大きすぎたことに気付きました。図案が5×5平方センチの背景紙の3分の1を超えていたため、乾卦の虚像のサイズが背景紙の虚像のサイズを超えてしまい、乾卦の虚像の回転が背景紙の正方形の虚像によって干渉されていたのです。

実際に、２０１６年に乾卦のサイズを小さくして紙に描いたところ、図4－9の第三列に示されているように、乾卦の虚像は天眼の中で一回転して消えました。これは虚像の動きが背景紙の虚像の形状に干渉されることを示しています。

図4－10右側第一列は、指識字法で坤卦を識別する実験結果を示しています。坤卦は隣り合った二つの小さな乾卦から構成されており、それぞれが理論上は時計回りの方向に回転するはずです。しかし、六本の爻の虚像が互いに干渉し、回転が阻害されるため、結果的に二つの小乾卦が互いに押し合って爆発するようになります。第二列

図4－10　Tさんが指で「坤卦」を識別する

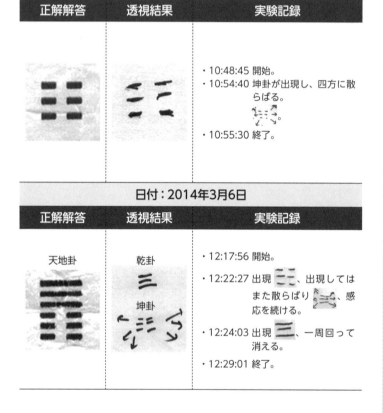

日付：2014年3月5日		
正解解答	透視結果	実験記録
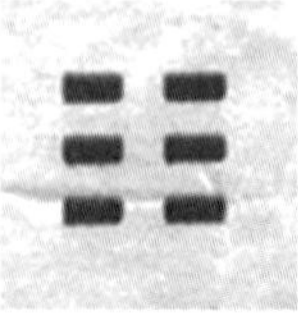	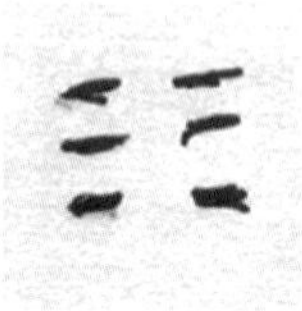	・10:48:45 開始。 ・10:54:40 坤卦が出現し、四方に散らばる。 。 ・10:55:30 終了。

日付：2014年3月6日		
正解解答	透視結果	実験記録
天地卦 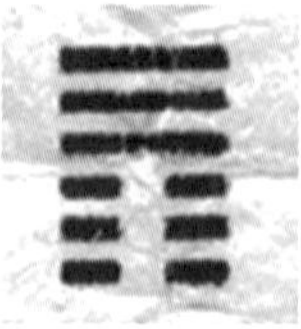	乾卦 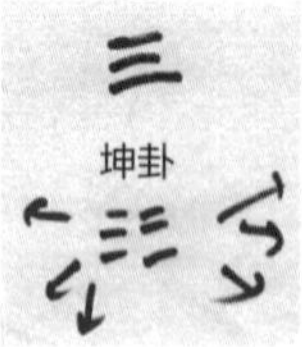	・12:17:56 開始。 ・12:22:27 出現 、出現してはまた散らばり 、感応を続ける。 ・12:24:03 出現 、一周回って消える。 ・12:29:01 終了。

日付：2015年1月19日

正解解答	透視結果	実験記録
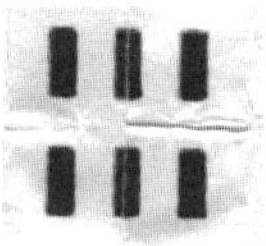	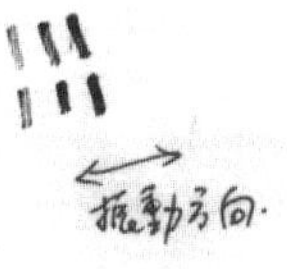	・12:08:00 開始。 ・12:14:00 出現 、 左右に振動し 、 全体が振動する。 ・12:15:00 終了。

日付：2015年1月22日

正解解答	透視結果	実験記録
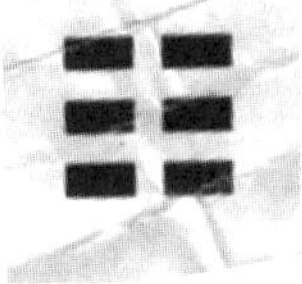	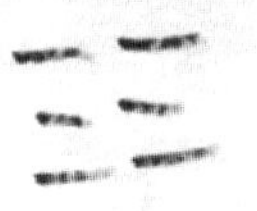	・17:41:44 反応を感じる。 ・17:42:27 遠近の動きが生じる。 ・17:43:32 引き続き遠近の動きが交互に起こる。

の天地卦の下方の坤卦も同様に、天眼でスキャンされた後、六本の陰爻が爆発しました。しかし、左側第一列に示されている2015年1月19日の指先文字識別実験では、坤卦が天眼に入った後に爆発せず、左右に振動し、全体が振動しました。

1月22日に再度行った指先文字識別実験では、今回も坤卦が天眼に入ると、遠近感を持った出たり入ったりの動きが生じました。これは六本の陰爻が本来爆発する予定だったものの、背景紙の虚像の縁に当たって反射し、続いて振動を引き起こしたことを示しています。この行動は、図4－7で見られる水晶のエネルギー場が坤卦を通過する際の挙動を説明しています。坤卦に当たる一部の気場（エネルギー場）が虚空に入り、坤卦の虚像の爆発行動によって、実数時空の気場（エネルギー場）が指先や手首にまで移動しました。

水晶のエネルギー場が印刷された乾卦や坤卦を通過する際にどのような動的挙動を示すでしょうか？

図４－11は、２０１４年に行われた二つの異なるサイズの乾卦に対する実験結果を示しています。どちらも時計回りに一回転し、指識字法の結果と完全に一致しました。これは、水晶のエネルギー場が乾卦に当たった後、その一部が虚空に入り、乾卦の虚像と相互作用し始めて時計回りに回転することを示しています。実虚もつれの結果、実数時空の気場（エネルギー場）も時計回りの方向に一回転するという、非常に驚くべき結果となりました。こうして、八卦の神秘のベールが少しだけ明かされました。

２０１６年の実験時、紙の形状が実験結果に影響することに気づいたため、正方形の紙以外にも直径5センチの円形紙も使用し始めました。図４－12に示しています。

右側の第一列と第三列では、正方形の紙を使用し、乾卦のサイズは約１・５～２センチの正方形でした。その結果、気場（エネルギー場）が回転しようとしても、正方形の背景紙の虚像に阻まれて回転しにくいと感じました（赤い円で示されています）。

図４－11　水晶のエネルギー場がコンピュータで描かれた乾卦を通過する実験結果

日付：2014年3月5日

障害物	実験結果
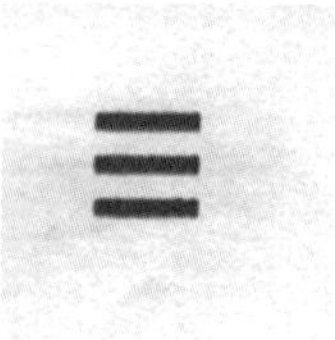	乾の卦が見えたが、すぐに消えた。
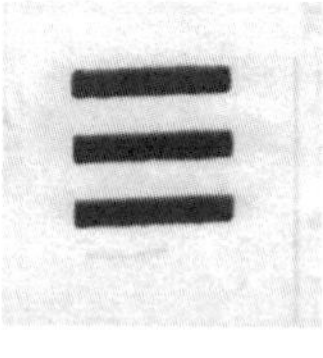	乾の卦が一回転したのが見えた。

右側の第四列では、上の第一列と同じサイズの乾卦を使用しましたが、紙を直径5センチの円形に変更したところ、気場（エネルギー場）が制約を受けずに回転し続け、手のひらを貫くような感覚がありました（青い円で示されています）。

右側の第五列では、正方形の紙に坤卦を配置しましたが、反応はなく、爆発する行動も見られませんでした。一方、左側の第一列では、紙を円形に変更すると、気場（エネルギー場）が指先に向かって移動しました。これは、紙の縁の効果が取り除かれると、坤卦が爆発して気場（エネルギー場）を指先に導かれることを示しています。

この現象は、図4−5で、ボールペンで描いた小さな乾卦を気場（エネルギー場）が通過する際に、刺すような感覚が生じた理由を説明しています。乾卦のサイズが小さく、背景紙に触れることがないため、気場（エネルギー場）が虚空に入り、乾卦の虚像を持ち続けて回転し、刺すような感覚が生じたのです。

図４－12　紙の形状によって変化する水晶の気場と乾卦・坤卦の作用効果

日付：2014年3月5日

障害物		実験結果
乾		・10:32:05 開始。 ・10:33:25 設置し、少し回転する。 ・10:34:25 回転しそうな感じがするが、回転しない。
坎	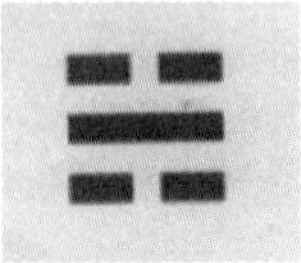	・10:35:40 設置。 ・10:36:00 少し刺すような感覚がある。
乾	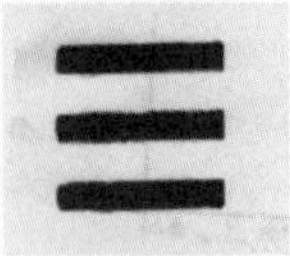	・10:36:05 設置。 ・10:36:40 回転しそうな感じがするが、回転しない。
乾		・10:37:40 設置。 ・10:37:55 掌に捩じ込む感じがする。 ・10:38:10 再度設置。 ・10:38:25 同じく掌に捩じ込む感じがする。
坤	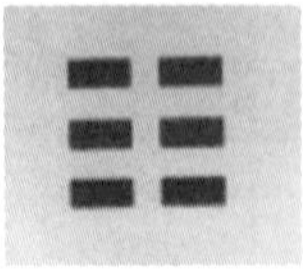	・10:39:10 設置。 ・10:39:35 再度設置。 ・10:39:45 変化を感じない。 ・10:40:05 再度設置。 ・10:40:15 変化を感じない。

障害物	実験結果
坤 	・10:40:38 設置。 ・10:41:00 再度設置。 ・10:41:30 指先に移動する感覚がある。
震 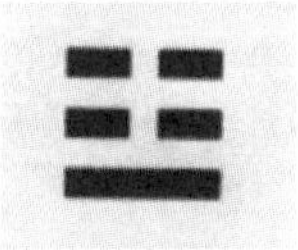	・10:41:50 設置。 ・10:42:10 設置。 ・10:42:25 再度設置。 ・10:42:35 少し刺すような感覚がある。
離 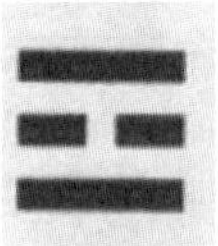	・10:43:05 設置。 ・10:43:20 再度設置。 ・10:43:25 変化を感じない。
兌 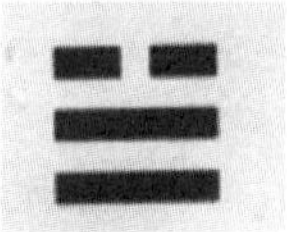	・10:44:45 設置。 ・10:44:55 再度設置。 ・10:45:20 少し温かい感覚がある。
坎 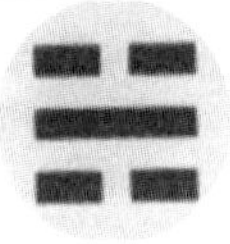	・10:45:55 設置。 ・10:46:10 刺すような感覚がある。 ・10:46:30 全体的に少し刺すような感覚がある。

右欄の第一列および第三列の「乾卦」は約1.5センチから２センチの正方形サイズで、結果としてＴさんはエネルギー場が回りそうで回らない、あまり動かない感覚を感じました。これは背景の正方形の紙の虚像に引っかかっていたためです（赤色で囲った部分）。右欄の第四列は第一列と同じ大きさの乾卦ですが、直径５センチの円形の紙を使用したところ、気が回り始め、紙の縁に制約されず、ずっと回り続けました（青色で囲った部分）。

他の八卦図によって引き起こされる動的挙動（ダイナミックス）

上記では、乾卦と坤卦の虚空における動的挙動と、水晶のエネルギー場がそれらを通過した後の変化について詳しく研究しました。これにより、八卦の神秘が虚数空間に隠されていることがわかりました。では、残りの六卦にも同様の行動が見られるのでしょうか？

まず、指先文字識別能力における坎卦の実験結果を見てみましょう。２１０ページの図４－13に示されている通り、２０１４年の実験では成功せず、坎卦の虚像は天眼で動きを見せませんでした。しかし、２０１５年1月19日の実験では、坎卦が出現後、小さな円を描くように動き、まるで回転しているかのようでした。

図4－14には、Tさんが指先文字識別能力で震卦（逆さまにすると艮卦）を見た実験結果が示されています。2014年3月6日に行った最初の実験では、震卦の虚像が天眼に現れた後、左側の陽爻が突然消え去り、右側の二つの陰爻だけが残りました。

2015年1月19日の実験で、震卦の虚像が陽爻とともに運動することがわかりました。前年の実験では、陽爻が動いたために隣の二つの陰爻が追従しなかったのです。他の三卦「離」「巽」「兌」では、指先文字識別能力の実験で動的挙動を確認することができませんでした。しかし、水晶のエネルギー場がこれらの卦象を通過する際には、すべての八卦の虚像が霊界で動的な行動を示しました。

例えば、図4－5の右側第一列にある「巽」卦や180度回転させた「兌」卦を気場（エネルギー場）が通過する際、一陣の大きさが変わる動的挙動が見られました。右側第三列の「離」卦を通過すると、Tさんは涼しい感覚を覚えました。また、図4－12では、「兌」卦を通過すると温かくなり、「坎」卦を通過すると刺すような感覚が

図４－13　Ｔさんが指で坎卦を識別する

日付：2014年3月6日

正解解答	透視結果	実験記録
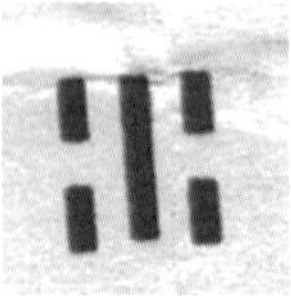	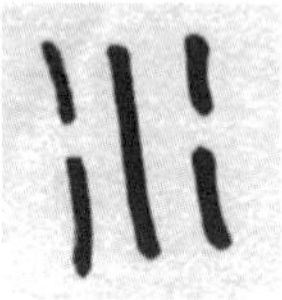	・11:29:12 開始。 ・11:32:45 出現 、感覚が続く、一度だけ出現し、動きはなし。 ・11:34:09 終了。

日付：2015年1月19日

正解解答	透視結果	実験記録
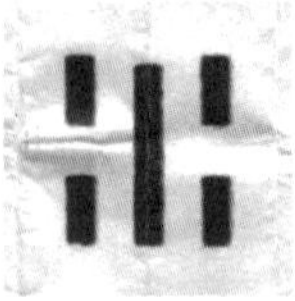	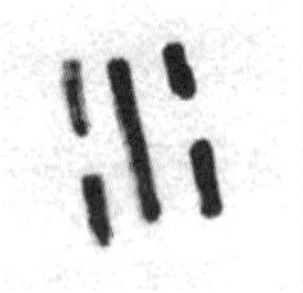	・11:56:00 開始。 ・11:59:00 出現 、全体が小さな円を描くように動き、回転しているように見える。 ・12:00:00 終了。

図４－14　Ｔさんが指で震卦を識別する（逆さにすると艮卦）

日付：2014年3月6日

正解解答	透視結果	実験記録
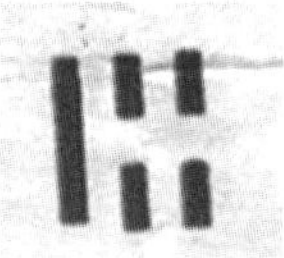	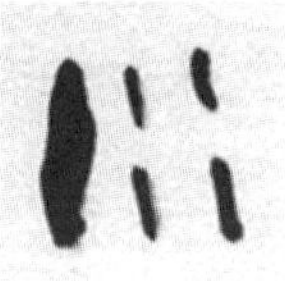	・11:34:44 開始。 ・11:40:22 出現 （全体が同時に出現。その後、左端の１本  は一瞬で消え、残りの右２本が残る ）感覚が続く。 ・11:41:39 終了。

日付：2015年1月19日

正解解答	透視結果	実験記録
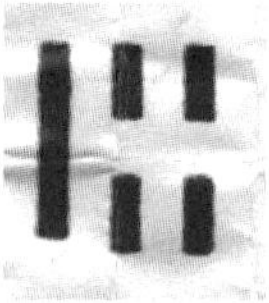		・12:01:50 開始。 ・12:06:00 出現 、下に落ち、全体が落ちていく。 ・12:07:00 終了。

あり、気場（エネルギー場）が回転していることを示しています。

道教の布陣

これらの八卦が虚空で示す動的な動作から、古代の道教がどのように布陣して時空の動的な動作を生み出したかがわかります。気場（エネルギー場）が陣法や空間物体の配置を通過し、その後に物質の実数空間に投影され、経絡敏感型の人々がそれを感知できるというのが風水の科学的根拠であり、奇門遁甲布陣の科学的原理です。

図4―15は、道教の道士で、私の友人のWさんが教えてくれた最初の陣法です。5×5平方センチの紙に4つの震卦が印刷されており、それぞれ90度ずつ回転させて十字形の角に貼り付けてあります。十字形の長さは15センチです。

水晶のエネルギー場やトーションフィールド生成装置を使ってトーションフィールドを紙の中央から打ち出すと、気場（エネルギー場）が紙面に当たって一部が虚空に入ります。そこで震卦の虚像の陽爻が引き起こされて右に動き、次に下に、左に、そして上に動き、一周回ります。紙の中央から後方に約18センチの直径の大きな円形の気場（エネルギー場）が形成されます。経絡が非常に敏感な人は、この円形の気場（エネルギー場）を空間に感じることができます。これは私が生まれて初めて実際に観察し、理論と一致する気場（エネルギー場）の構造を確認した時空の陣法であり、道教が何千年もかけて操ってきた空間の学問がここに解明されたのです。

この章で提供された証拠により、私たちはトーションフィールド（水晶のエネルギー場）が陰陽の世界を行き来し、両方の世界をつなぐことができることを明確に理解しました。

図4－15　道教のＷ氏による配置法

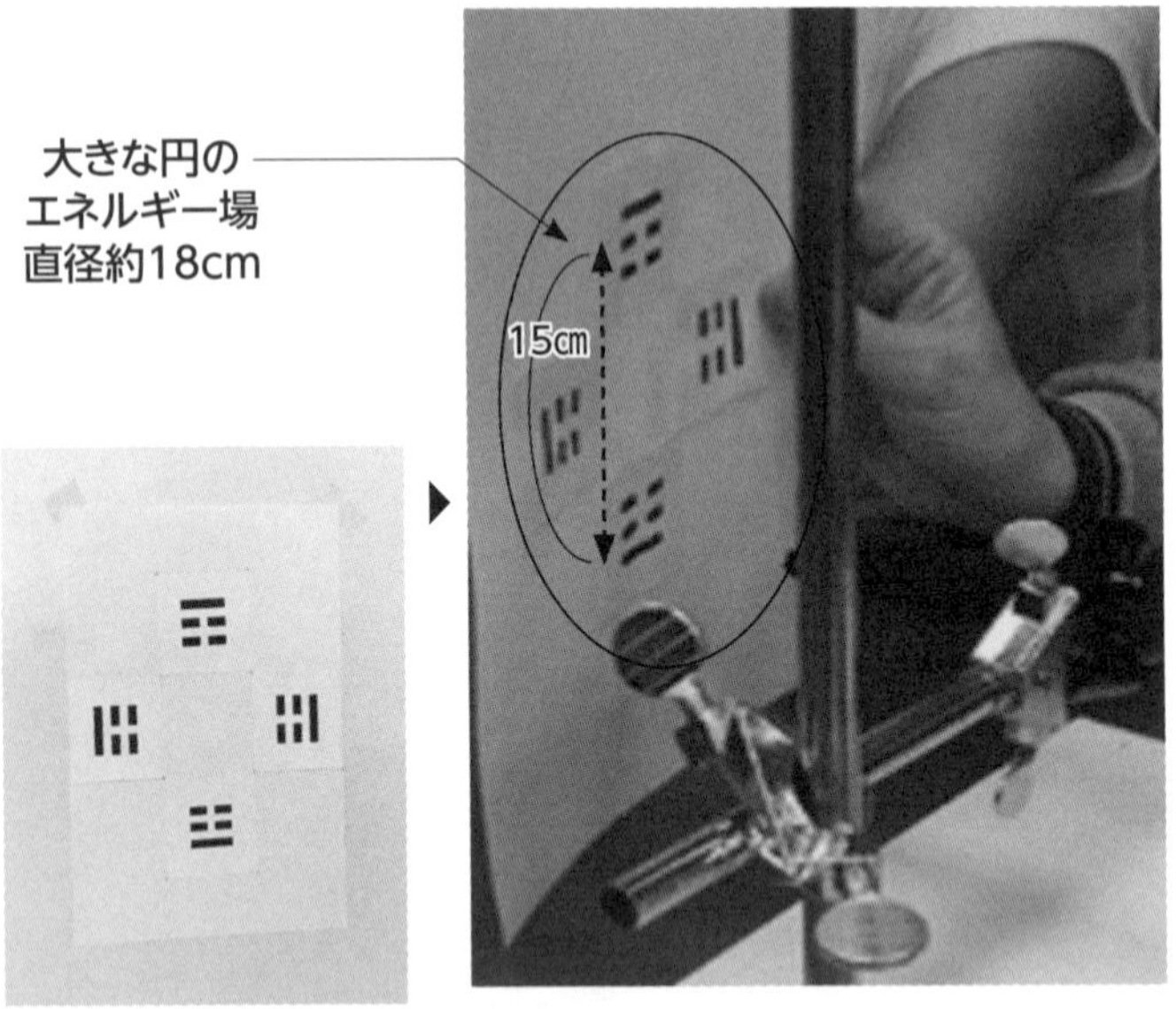

水晶のエネルギー場がトーションフィールドを紙の中央から外へ放出され、エネルギー場が紙面にぶつかると一部が虚空に入る。紙の周囲にある程度の距離で、直径約18センチの大きな円が出現するのを感じる。

それにより、中国の伝統的な風水が、住環境の中で家具の配置によって形成される幾何学的構造を扱うことであり、風や水を使って気場の位置や大きさを調整することがわかります。気場は虚空に入り込み、虚空にある物体の虚像が形成する幾何学的構造の動的挙動（ダイナミックス）を物質の現実空間に投影します。私は、気場が虚空の異なる意識体や過去未来の情報を物質世界にもたらし、関係者の身体に異なる感応を引き起こし、吉凶の結果を生じると信じています。したがって、トーションフィールドが陰陽を行き来する気場の行動は、中国の伝統的な風水の科学的基盤であると考えられます。

第五章
二十一世紀のトーションフォース文明

19世紀末、テスラが多相交流モーターを発明し、20世紀の電力文明の発展を促進しました。彼はまた、当時はＳＦと見なされたいくつかの革新的な概念を提唱しました。

これらのトーションフィールド作用に基づく概念とトーションフィールド検出器の発明は、21世紀にトーションフォース文明を促進するでしょう。

気場（エネルギー場）と分子構造および幾何学的構造の相互作用

第三章と第四章では、水晶のエネルギー場が神聖文字、螺旋図、八卦図を通過した結果を見て、気場（エネルギー場）が陰陽界を超える神秘的な特質を発見しました。気場（エネルギー場）が紙に書かれた文字や図案に当たると、気場（エネルギー場）の一部が霊界へのトンネルを通り、これらの文字や図案の虚像が動的挙動（ダイナミックス）を引き起こします。これら霊界の動的な気場（エネルギー場）は、物質界の実数空間に留まる気場（エネルギー場）ともつれ、物理的な用語で「実虚もつれ」と呼ばれる現象を生じさせます。そのため、霊界の振る舞いが実数空間の気場（エネルギー場）に投影され、特異能力者によって感知されることで、これらの幾何学的図案の虚像が霊界でどのように振る舞うかを理解できるのです。

これにより、異なる構造の分子構造が霊界でどのように動的挙動（ダイナミックス）を示すか、またそれらが何らかの規則に従っているのかどうかに関心が湧きました。同じ分子であっても大きさや寸法が異なる場合、それらの虚像が同じ動的挙動（ダイナミックス）を示すのか、それとも異なるのかを調べたくなりました。

図5－1は、水晶のエネルギー場が異なる分子構造を通過するのを感知している実験写真です。Tさんはアイマスクをしているため、私たちが中間に置いた分子構造が何であるかは知りません。同じ分子を2～3回繰り返し置き、同じ答えになると確認できれば実験は完了とします。次に、実験結果を一つ一つ議論し、共通の原則を導き出せるかどうかを確認します。

簡単な分子構造とピラミッド構造

まず、我々は簡単な分子構造であるエタノール／アルコール（C_2H_5OH）とメタン

図５－１　分子構造を通過したエネルギー場を感知する実験

アイマスクで目隠しした状態のＴさんに、何の分子模型かを知らせない条件下で、エネルギー場を分子模型に照射。２～３回繰り返し模型を置き、Ｔさんの感覚ではっきりと確認できるまで行う。

（CH_4）、そして紙で作られた幾何構造物としてピラミッドおよび大型ＤＮＡモデル（高さ40センチ、直径14センチ）を使用して実験を行いました（図５－２参照）。

図５－２の右側の第一列に示されているように、エタノール分子を気場（エネルギー場）が通過すると、静的な一点から動的な気場（エネルギー場）の陣へと変化します。しかし、左側の第一列に示されているメタンの正四面体分子（炭素原子が正四面体の中心にあり、４つの水素原子が正四面体の４つの頂点に位置する）を通過すると、炭素原子を中心に球形に外向きに広がり、気場（エネルギー場）が四方均等に広がる感覚を得ました。これは、球形対称の分子が球形対称の気場（エネルギー場）分布を引き起こすことを示しています。エタノール分子では、炭素－炭素－酸素の３つの原子が約１００度の角度で主軸化学結合を形成し、５つの炭素－水素結合と１つの酸素－水素結合が周辺に作用するため、気場（エネルギー場）が異なる原子に散乱させられて動的な気場（エネルギー場）の陣となるのです。このように、分子の幾何構造が気場（エネルギー場）の空間分布形式を決定することが明らかです。

図5－2　水晶のエネルギー場と分子模型、紙製のピラミッド、DNA 模型との相互作用

障害物		実験結果
エタノールの分子構造	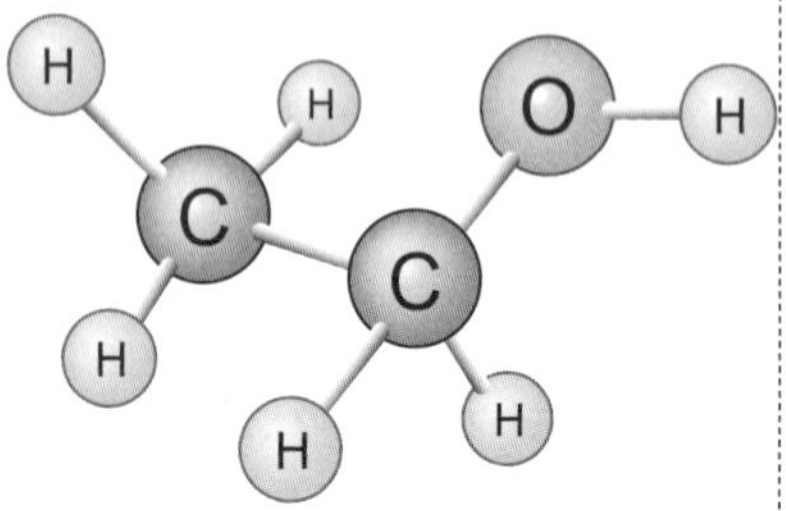	水晶のエネルギー場がエタノールの分子構造を通過すると、断続的な動的エネルギー場として感じられる。
ピラミッド（四角錐形）モデル	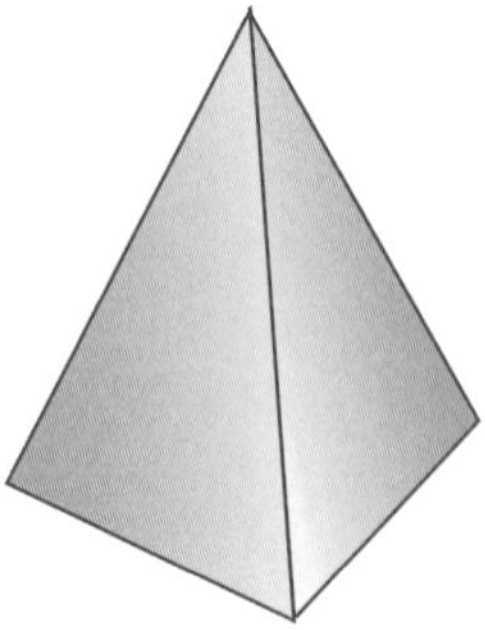	水晶のエネルギー場はどの方向から照射しても、尖端のエネルギー場が強くなり、底面の正方形でもエネルギー場を感じる。

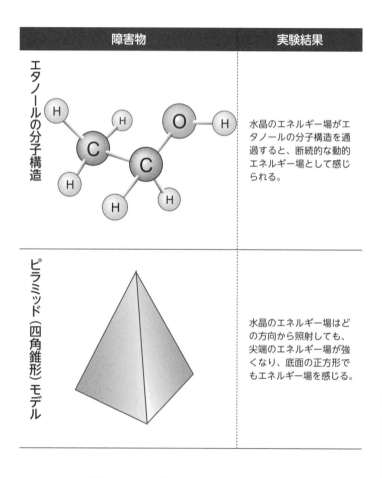

障害物	実験結果
ホルマザン分子構造 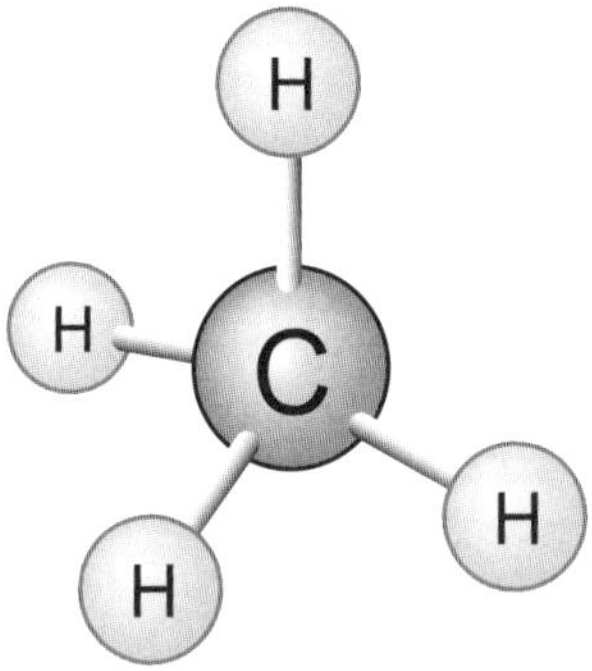	水晶のエネルギー場がホルマザン分子構造を通過すると、4方向のエネルギー場の強度が同じく強く感じる（空間全体に広がる）。
紙製DNA模型（長さ40㎝、直径14㎝） 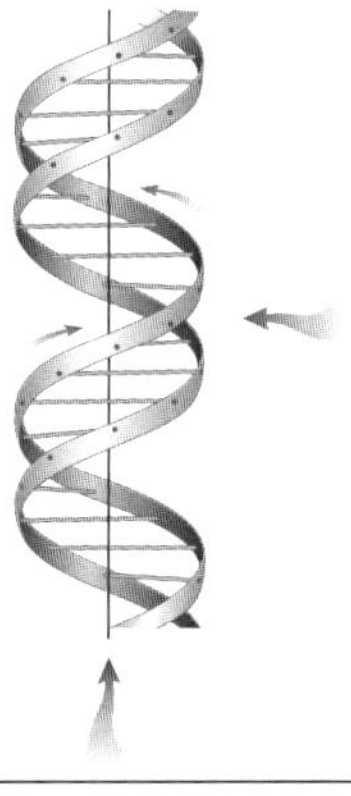	水晶のエネルギー場が軸に沿って照射すると、エネルギー場が回転し始める感覚。 軸に対して垂直な方向に照射すると、変化を感じない。

図5－2右側の第二列は紙で作られたピラミッドです。幾何学的には四角錐で、底面は正方形です。私たちは、水晶のエネルギー場をどの方向からピラミッドに投入しても、出てくる気場（エネルギー場）の方向は二つだけだと発見しました。一つはピラミッドの頂点から強い気場（エネルギー場）が射出される方向で、もう一つは底面の正方形から均等に弱い気場（エネルギー場）が射出される方向です。これにより、ピラミッドの頂点の指向性には意味があることが示されています。気場（エネルギー場）が一旦虚空の霊界に入り込むと、この方向に沿って光速を超える速度で宇宙の深部に向かって射出されます。ピラミッドの秘密を研究したいくつかの書籍には、ピラミッドの頂点が指し示す星座の地球外知的生命体との通信に使われることを示唆しており、私は一理あると思います。また、食べ物をピラミッドの中に置くと、カビ発生や腐敗の速度が遅くなると主張する書籍も多く見てきました。私はこのような実験をしたことはありませんが、中小学生の科学展でその現象を部分的に証明したものを見たことがあります。これはピラミッド内の気場（エネルギー場）の分布に関連してい

ると考えられます。

図5－2の最後の実験は、左側の第二列にある直径14センチ、長さ40センチの紙製モデルです。もし気場（エネルギー場）がDNA軸方向に投入されると、気場（エネルギー場）はDNAの回転方向に沿って回転し、第三章の図3－14に示されているように、気場（エネルギー場）がアルキメデスの螺旋に沿って回転するのと似た動きをします。気場（エネルギー場）がDNA軸に垂直な方向から投入されると、全く影響を受けずにそのまま直進します。

タンパク質の分子構造

この節では、五つのタンパク質の分子模型と気場（エネルギー場）の相互作用について考察します。図5－3に示されています。

図5－3　水晶のエネルギー場とタンパク質分子模型への作用

	障害物	実験結果
セロトニン分子模型	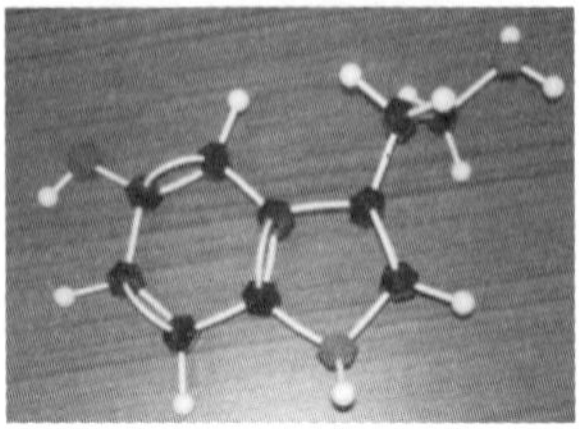	エネルギー場がセロトニン分子模型の平らな面に対して垂直に照射されると、手の上で左右に素早く移動する感じがする。
セロトニン分子構造	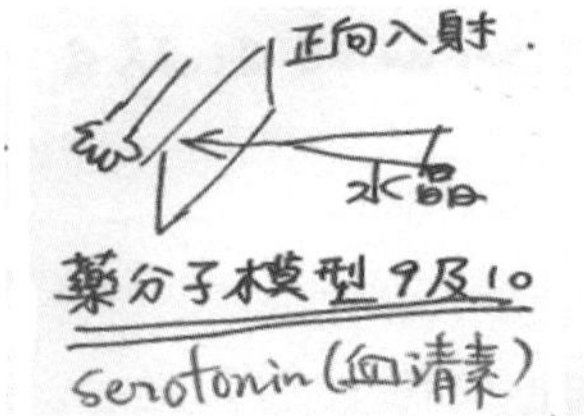	エネルギー場が分子の水平面に沿って照射されると、手の上で分子模型に沿って手の上下を行き来する感じがする。 
抗てんかん薬（官能基を一つ外す）	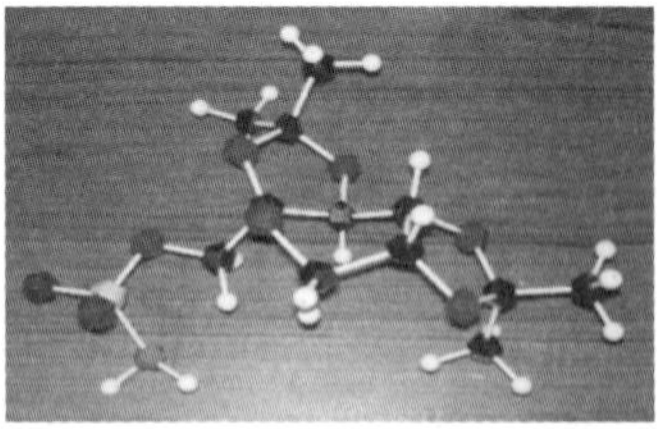	・手の甲、親指、人差し指の3か所にチクチクとした感覚がある。 ・10分後に手足が痺れ、胃の不快感など薬を服用した時の反応が現れる。 ・官能基を外すと、その感覚は消える。

障害物		実験結果
アドレナリン	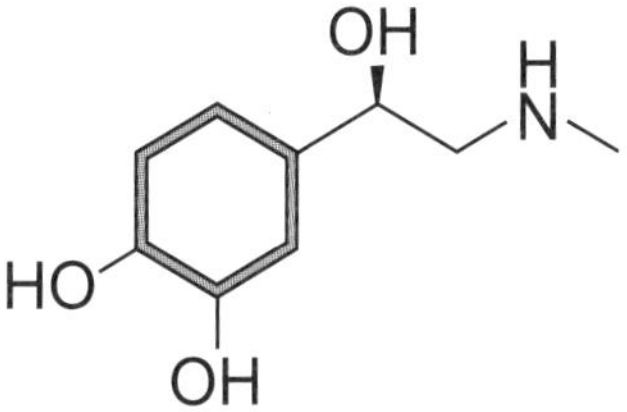	エネルギー場が手のひらで一本の線上で跳動する感覚。
ノルアドレナリン	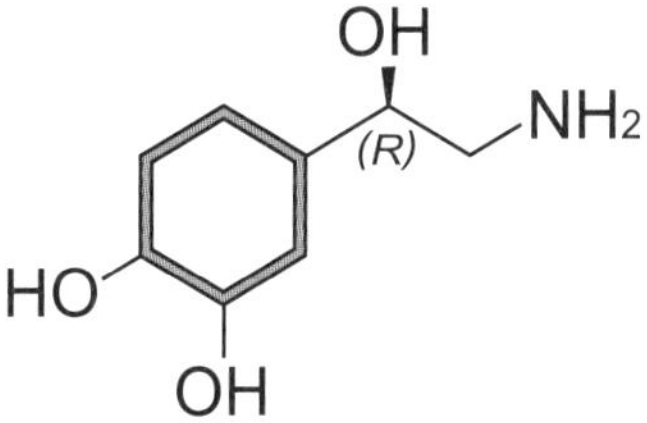	エネルギー場が手の甲で止まる感覚。
アセチルコリン	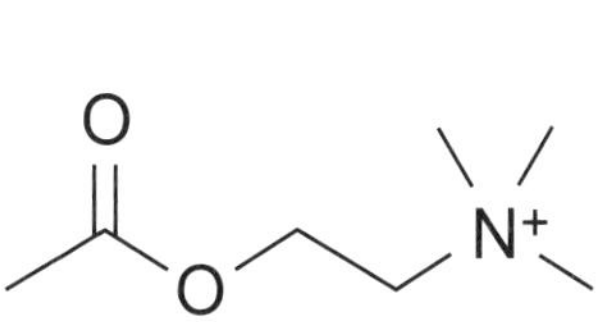	感覚に変化なし。

図5－3右側の第一列はセロトニン（Serotonin）の分子構造です。セロトニンはベンゾジアゼピン系神経伝達物質で、主に動物の胃腸、血小板、中枢神経系に存在し、幸福感や快感に寄与すると広く認識されています。気場（エネルギー場）が分子平面に垂直に投入されると、気場（エネルギー場）は分子平面に沿って動的にスキャンされます。気場（エネルギー場）が平面に平行に投入されると、気場（エネルギー場）は分子平面の上下を行き来し、動的な挙動を示します。これは図5－3右側の第二列に示されています。

右側第三列は抗てんかん薬トピラマート（Topiramate）の分子模型で、これは神経科医が製作したもので、彼がてんかん患者に頻繁に使用する薬でもあります。この反応は非常に奇妙で、親指、人差し指、手の甲に刺すような感覚を覚え、官能基を一つ取り除くとその感覚が消えました。実験開始から10分後、彼女は腕と脚の麻痺感と胃の不快感を訴えました。その場にいた神経科医はすぐに「これは薬の反応です！」と言い、驚かされました。私たちはただ分子模型の情報を気場（エネルギー場）を使って手のひらに送っただけなのに、彼女は薬を飲んだ時と同じ反応を示しました。この分子模型は実際の薬の分子の１０００万倍の大きさですが、体に与える作用には影響しませんでした。これにより、人体に関する重大な秘密が明らかになりました。生理学的な生化学反応は分子の幾何学構造情報に由来し、分子のサイズには関係ありません。薬は必ずしも飲む必要はなく、薬の空間幾何構造情報が気場（エネルギー場）を通じて体内に送られるだけで、薬を飲んだ時と同じ反応が発生するのです。これにより、薬物治療の新たな展望が開けることとなります。

図５－３の左側第一列から第三列には、アドレナリン、ノルアドレナリン、アセチルコリンという三つの分子と気場（エネルギー場）の作用を示しています。

図５－３左側第一列のアドレナリンは、腎臓から分泌されるホルモンであり神経伝達物質です。アドレナリンは心臓の収縮力を増大させ、心臓、肝臓、筋肉の血管を拡張し、皮膚や粘膜の血管を収縮させます。これは危険に直面した人や動物が分泌する

ホルモンです。アドレナリン分子は手のひらから手首にかけて、気場（エネルギー場）が直線的に点状で跳動するようになります。第二列のノルアドレナリンはアドレナリン受容体を活性化する薬で、血管を収縮させ血圧を上昇させる作用があります。これにより気場（エネルギー場）は手の甲で跳動し停止します。第三列のアセチルコリンは神経伝達物質で、神経軸索の末端から放出され、シナプス間隙を通過してシナプス後細胞または運動終板の細胞膜上の受容体と結合します。実験の結果、アセチルコリンは気場（エネルギー場）に影響を与えないことがわかりました。ホルモンの役割を果たす分子構造は、気場（エネルギー場）を跳動させるようです。これは分子軸方向に沿ったアミノ環によるものかもしれません。

分子のサイズに関する作用について、さらに一組のデータがあります。図５－４に示されているように、ドーパミン（Dopamine）の分子構造について、印刷された小さなモデルと、プラスチックボールと棒で作られた大きなモデルの形状は全く同じですが、サイズは25倍以上の差があります。気場（エネルギー場）がこれらの二種類の分子を通過した後、手のひらの多くの場所で跳ね回る反応は全く同じです。

したがって、幾何学的構造こそが生化学反応の鍵であり、サイズの大きさとは関係ありません。これは、虚数時空において、気場（エネルギー場）と幾何学的構造の作用の原理が「形形相印（同じ形がお互いに反映し合う法則。形が形を反映する）」であることを示唆しています。すなわち、幾何学的構造が同じであれば、絶対的なサイズが同じでなくても、同じ反応が生じるという規則性があるのです。

私たちは多くのアミノ酸およびタンパク質分子構造に対する気場（エネルギー場）の反応を試み、最終的に以下の三つの結論を導き出しました。

❶分子内のベンゼン環を含むアミノ酸構造は特別な情報を持つ。

❷単環塩基のドーパミンやアドレナリン類は、気場（エネルギー場）の跳躍を引き起こす情報を持つ（指から手のひらにかけて気場（エネルギー場）の跳動を感じます）。

❸二環塩基類の血清素、トリプトファン、メラトニン類は、気場（エネルギー場）が

指先までスキャンされ、刺すような感覚を引き起こします。これは、気場（エネルギー場）が分子模型に当たり、単一ベンゼン環の虚像に入り込み、跳躍する気場（エネルギー場）を引き起こすことを示しています。また、二環塩基の虚像は拡大された気場（エネルギー場）を引き起こし、物質（実数）世界の気場（エネルギー場）を動かし、手のひらの境界である指先に触れることで、刺すような感覚を生じさせます。

結晶模型でも実物と同じ反応

物質世界の固体はすべて原子で構成されており、固体中の原子が周期的に配列されると結晶が形成されます。これらの結晶と気場（エネルギー場）の相互作用はどのようなものかを理解するために、いくつかの実験を行いました。結晶の単位格子の模型と結晶そのものを使った実験の結果は、図５－５に示されています。

右側は六角柱の単位晶格の反応を示しています。六角柱の底面は正六角形で、各辺の長さは同じで、角度は１２０度です。六角形の中心には原子があり、底面に垂直な

C軸の長さが長くなっています。気場（エネルギー場）がC軸に平行または垂直に投入されると（第一列または第三列）、気場（エネルギー場）の強度が増幅され、指や親指、中指が痺れます。これは六角柱晶格が気場（エネルギー場）に対して増幅作用を持ち、神聖言葉と同様の効果を持つことを示しています。気場（エネルギー場）が投入しない場合（第二列の図）、感覚は変わりません。これは適切な3D空間の幾何構造が気場（エネルギー場）を散乱させ、往復振動を引き起こして増幅作用を生むことを示しています。

図5－5左側は、ダイヤモンド構造に基づく重要な半導体材料の晶格と実体を示しています。第一列はⅢ－Ｖ族化合物半導体材料のガリウム砒素（GaAs）で、高速および光電半導体デバイスを作ることができます。この構造はダイヤモンド構造に基づいており、各晶格点にガリウム（赤）と砒素（青）のペアが配置されています。気場（エネルギー場）が晶格原子3Dモデル（赤と青の相間）を通過すると、手に点状の刺すような感覚があります。気場（エネルギー場）が半円形のガリウム砒素ウェーハ

図5－4　異なるサイズのドーパミン分子とエネルギー場の作用

日付：2016年2月23日	
障害物	実験結果
セロトニン（3Dプリンターで出力された低分子モデル） 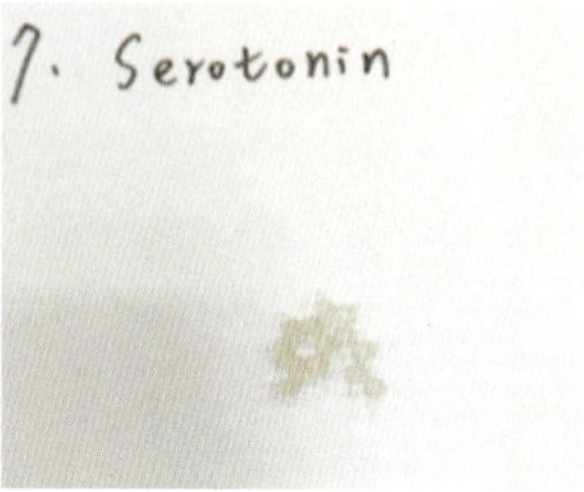 	・11:29:40 分子模型を配置。 ・11:30:00 エネルギー場が手のひらで少し大きくなったように感じる。 ・11:30:20 再度、配置。 ・11:30:30 同じ感覚がする。
ドーパミン（3Dプリンターで出力された低分子モデル） 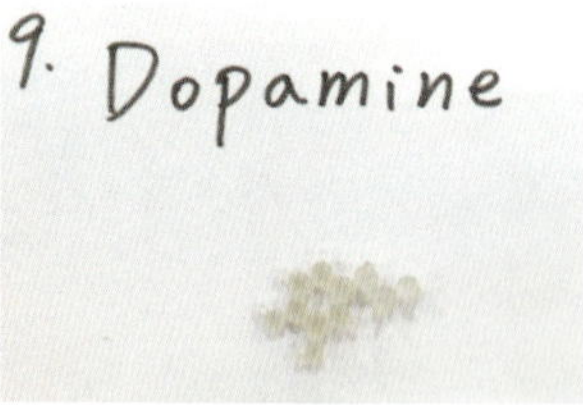 	・11:32:00 分子模型を配置。 ・11:32:20 再び、配置。 ・11:33:00 再び、配置。 ・11:33:30 エネルギー場が飛び跳ねている感覚がする。

日付：2015年1月20日

障害物	実験結果
セロトニン（高分子モデル）  	分子模型を垂直に配置：エネルギー場が瞬時に親指、人差し指、中指の指先に移動する感じがする。
ドーパミン（高分子モデル） 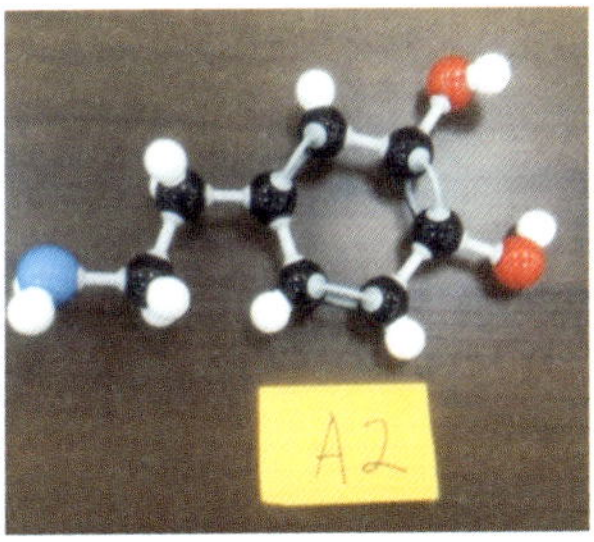 	・分子模型を垂直に配置：2回試すと、手のひらの多くの場所で跳動を感じる。 ・分子模型を水平に配置：強度は変化なし。刺すような感覚があり、エネルギー場は手の甲まで到達しない。

図5－5　エネルギー場と六角柱およびダイヤモンドの結晶構造の作用

障害物	実験結果
	人差し指と中指に痺れがあり、エネルギーの感覚が10から12に増幅されています。
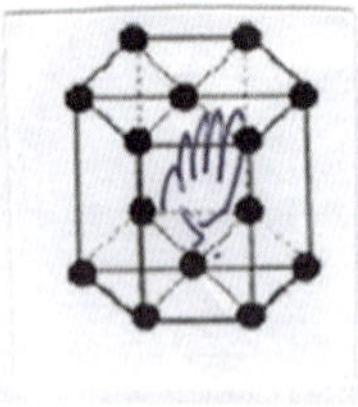 ← 水晶照射なし	結晶構造の中にある手に、感覚はあるが、変化はない。
 ← 水晶のエネルギー場	エネルギーが増幅され、エネルギー場が手の中で回転し、人差し指と親指、そして手の甲まで伝わったのを感じます。

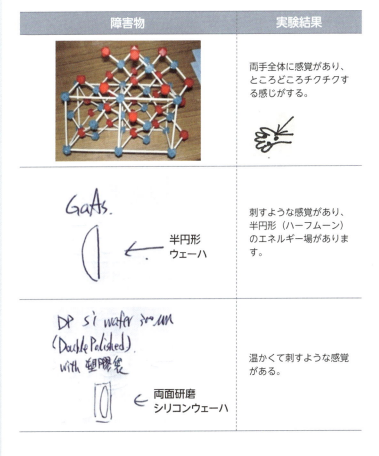

障害物	実験結果
	両手全体に感覚があり、ところどころチクチクする感じがする。 
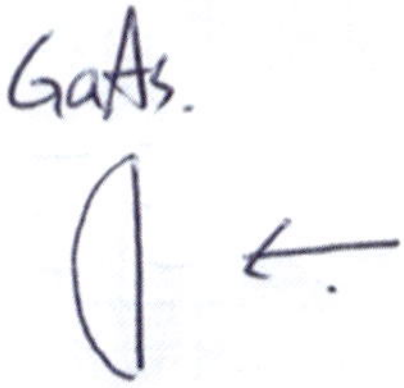 半円形 ウェーハ	刺すような感覚があり、半円形（ハーフムーン）のエネルギー場があります。
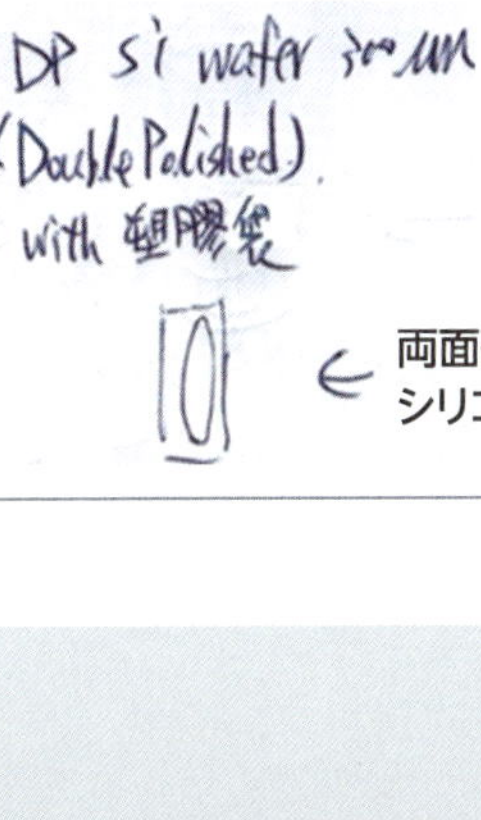 両面研磨 シリコンウェーハ	温かくて刺すような感覚がある。

を通過すると（第二列）、結果は同じで、手に半円形の刺すような感覚があり、反応は完全に一致します。これはモデルのサイズがどれだけ異なっても、同じ構造が同じ気場（エネルギー場）分布を引き起こすことを再確認します。第三列は半導体シリコンの両面研磨されたウェーハで、シリコンは集積回路にとって最も重要な材料であり、真のダイヤモンド構造を持っています。第一列の赤と青の原子モデルを同じ色に置き換えると、シリコンの原子構造になります。気場（エネルギー場）がシリコンウェーハを通過すると、刺すような温かい感覚があり、わずかな増幅作用も感じられます。刺すような感覚は、晶格原子が散乱させた気場（エネルギー場）が干渉し、手のひらに小さな錐のように刺さることを示しています。

次に、体心立方晶格との気場（エネルギー場）の相互作用について説明します。図5－6の第一列に示されています。体心立方は立方体の結晶格子で、各辺の長さが同じで、角度はすべて90度です。立方体の中心に一つの原子が存在するため、「体心立方」と呼ばれます。

気場（エネルギー場）がこの結晶格子に向けて照射されると、中心原子の上下、左右、前後の六つの方向に錐状の気場（エネルギー場）分布が現れ、強度が10％ほど増大します。

図5－6の第二列には、松果体の代替モデルとしての大きな松ぼっくりを使った実験が示されています。松ぼっくりの幾何学的な立体構造は大脳内の松果体と似ています。実験の結果、気場（エネルギー場）が松ぼっくりの軸方向に垂直または平行に射入されると、どちらの場合でも気場（エネルギー場）が動的で刺すような感覚に変わります。このことは、大脳松果体が陰陽を通り抜ける気場（エネルギー場）と強い相互作用を持つことを示しています。

図５－６　エネルギー場、体心立方格子、松ぼっくりの間の相互作用

障害物	実験結果
体心立方格子 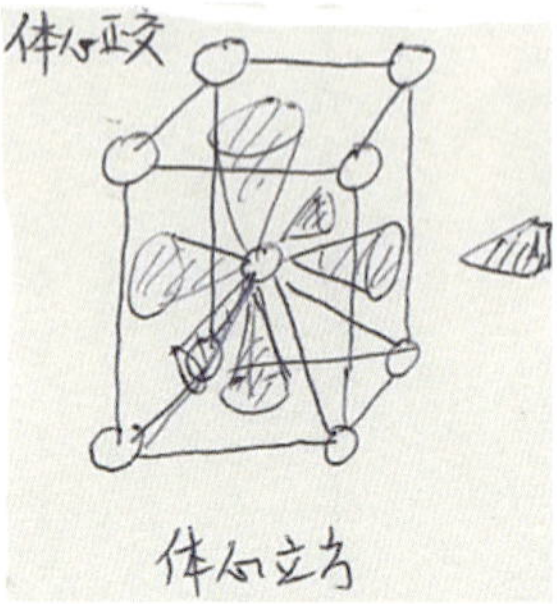 	・エネルギー場の強度が少し強くなり、10から11に増加し、範囲も広がった。 ・小さな点で感じる感覚。全方向で強度があり、点々としている。エネルギー場の形状はおおよそ円錐形（コーン）で、上下左右の方向に広がっている。
松ぼっくり 	エネルギー場が垂直または平行に入射しても、動いていて刺すような感覚がある。

病原を治す鍵：薬の分子構造

人体の細胞内の遺伝物質DNAは、次の四種類の分子で構成されています：

アデニン（Adenine、A）

チミン（Thymine、T）

シトシン（Cytosine、C）

グアニン（Guanine、G）

これらの分子は対を成して結合し、分子形状が互いに補完し合います（図5－7参照）。

私たちが水晶のエネルギー場を単一のG分子構造（双環塩基分子）に通過させると、手のひらの中心部には何も感じませんが、手のひらの周辺の五本の指に感覚が生じま

図５－７　エネルギー場が単一またはＣ分子を通過し、補完的な動的エネルギー場を引き起こす

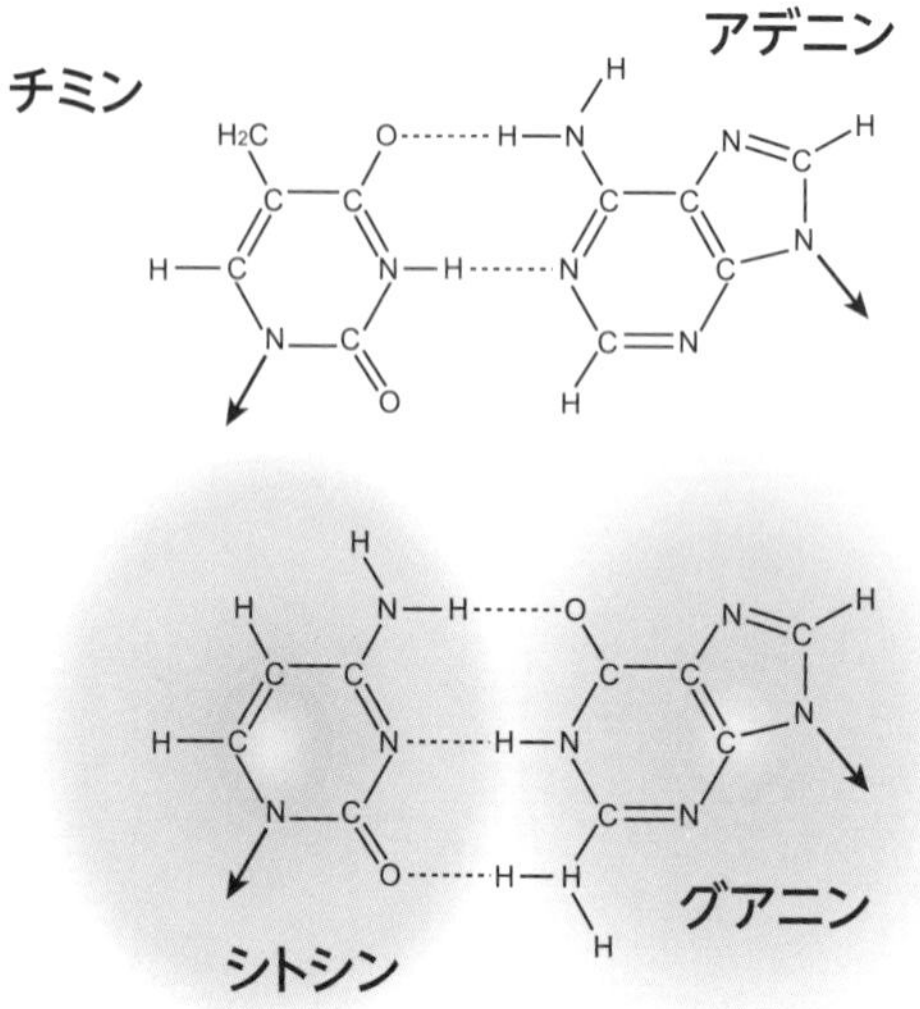

GCペアは、エネルギー場を通過しても変わらない。

Point !

人間の細胞の遺伝物質 DNA は４つの分子で構成されています：アデニン、チミン、グアニン、そして AT 分子と GC 分子が対になったシトシンから構成されており、分子の形状は相補的になります。

す。これは、気場（エネルギー場）が周辺に広がっているように感じられます。一方、単一のC分子（単環塩基分子）では、気場（エネルギー場）が手のひらの中心部に強い感覚を引き起こします。明らかに、両者は気場（エネルギー場）の散乱に対して互いに補完的な作用を持っており、一方は手のひらの周辺で、もう一方は手のひらの中心で作用します。続いて、G分子とC分子をDNA内で相互に結合させた構造を形成しました。その結果、気場（エネルギー場）がこの結合分子を通過しても、手のひら全体に擾乱を引き起こすことはなく、むしろ静かな状態が続きました。これこそが驚くべき発見です。この現象は、生物化学反応における「鍵と錠の原理」を示しています。つまり、相互に補完する時空構造が結合することで、時空の欠陥を補い、完全で平坦な時空を回復します。これにより、時空の欠陥が引き起こす動的な時空によるシステムの不具合が解消されます。この原理が薬が病気を治すメカニズムを説明しているのです。

私が『科學氣功』の中で述べた分子Xの情報は、このように分子の時空補完構造と関連する情報です。単一のAまたはT分子構造は気場（エネルギー場）に対して何も散乱させません。AとTの二つの分子を結合させても結果は同じで、気場（エネルギー場）に対する散乱能力はありません。水晶のエネルギー場検出結果から、GとC分子はAとT分子よりも気場（エネルギー場）を散乱させる能力があるように見えます。これは、GC分子のうち一方がC＝O構造、もう一方がC－NH_2構造を持つ特殊性に関連している可能性があります。実際には、GC含量が多いDNAセグメントは、遺伝子含量が多く、解読が進んでいる領域でもあります。つまり、優れたDNAセグメントです。

これらの実験データから、気場（エネルギー場）が結晶に当たると一部が虚空に入り、周期的な原子の虚像によって散乱再構成され、再び実数空間に戻り、手のひらの経絡によって感知されることがわかります。したがって、実数空間における物質世界の異なる物体の配置が気場（エネルギー場）の分布に影響を与え、さらに人体に影響を与えることが理解できるようになります。

過去、私たちの多くは風水を信じず、風水を迷信だと考えていました。また、オフィスや家庭内の家具の配置にもあまり注意を払いませんでした。しかし、私たちの実験結果から、家具の配置の幾何学的形状や位置の対称性や非対称性が気の運動に影響を与え、異なる気場（エネルギー場）の分布を引き起こし、それが人体の健康にも影響を与える可能性があることがわかりました。

では、一般の人々はどうすればいいのでしょうか？　信頼できる風水師をどこで探してオフィスや家を見てもらえばいいのでしょうか？　実は、人々の中には経絡に敏感な人が15％から20％ほどいて、気場（エネルギー場）をある程度感じ取ることができます。そのような人々は、自分の家やオフィスで家具の配置を調整し、気持ちの良い気場（エネルギー場）を感じられる位置を見つければよいのです。私は、未来にトーションフィールド研究が進むにつれて、トーションフィールドの散乱問題をコンピュータでシミュレーションできるようになると信じています。そうなれば、コンピュータ風水デザイナーという職業が非常に人気になるかもしれません。

気場（エネルギー場）「界水而止（水を境にして止まる）」の原因

２０００年から、私たちは気場（エネルギー場）がさまざまな物体を通過する実験を始めました。そしてすぐに、水で濡れた紙が気を完全に吸収することを発見しました。この実験は、その後、他の経絡敏感型の学生やＮＭＲ（核磁共振）実験によっても確認されました。しかし、当初は、水がどのようにして気場（エネルギー場）を水中に吸収し、それをどのような形で存在させているのか、全く理解できませんでした。

２０１３年、私たちはトーションフィールド（ねじれ場）を照射した水の研究を開始しました。ＮＭＲ（核磁共振）技術を用いて、トーションフィールドを３分間照射した後の水分子団のサイズ変化を測定しました。この実験は化学科のＮＭＲ実験室で毎週一回、２年以上にわたって行われ、合計１００回以上実施しました。実験を進めるうちに、私の協力者である蔡博士があることに気付きました。実験中にトーションフィールド生成装置の電線が実験用のアルミラックから垂れ下がっている場合、水を入れた実験用カップに近づくのと、電線を壁際に引っ張ってカップから遠ざけるのとでは、実験結果が異なるということです。これには大いに悩まされました。なぜトーションフィールドを吸収した水が周囲の環境、特に電線と相互作用するのか理解できなかったのです。

その後、気場（エネルギー場）実験を行った際に、水の入ったカップ2個を5センチ以内の近距離に置くと、カップの水が気場（エネルギー場）情報を交換しているように見えることがわかりました。これは、水が吸収した気場（エネルギー場）が水の内部に留まるものではなく、周囲の領域にまで拡散することを示しています。これが、環境の配置が水中の分子団のサイズ変化に影響を与える理由を説明しています。気は陰陽界を通過することで虚空に入るため、気場（エネルギー場）は水を通過すると完全に吸収されるのです。気場（エネルギー場）が水に当たることで気は完全に虚空に入ることが徐々に理解できました。

水分子（図5－8参照）は、2つの水素原子と1つの酸素原子が結合したものです（H_2O）。H－Oの化学結合には、スピンが反対方向の2つの電子があり、3Dの太極構造を形成しています。この構造には二つの魚眼があり、トーションフィールドが一方から入っても一方から出ることで陰陽界を通り抜けることができます。しかし、水素原子核には1つの陽子スピンしかないため、陰陽界の通路は1つしかありません。したがって、これは一方通行であり、戻ることはできません。まるで一方向のバルブ（流体の流れを制御するための装置）のように、トーションフィールドが水中に入ると、バルブによってすべてが虚空に入り消えてしまいます。トーションフィールドが虚空に入ると、周囲の環境中の物体の虚像と相互作用し、実験結果への干渉を引き起こします。これらの実験から、我々は「気界水而止（気は水を境界にして止まる）」を物理的に理解することができました。それは、すべてが虚空に入るためです。

図５－８　水分子とエネルギー場の作用

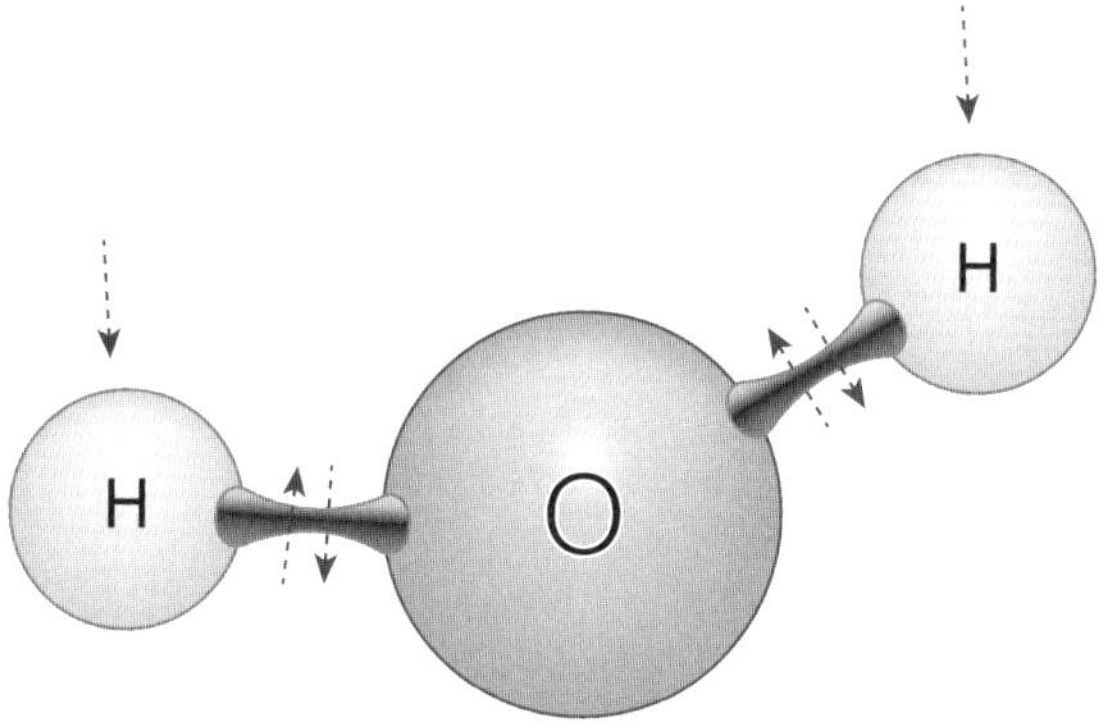

Point !

水分子は２つの水素原子と１つの酸素原子が結合してできており（H_2O）、H-O 化学結合には自転が逆向きの２つの電子が存在し、3D の太極構造を形成しています。この構造には２つの魚眼があり、トーションフィールドは一方から入り、他方から出ることで陰陽界を行き来します。しかし、水素原子核には１つの陽子の自転しかないため、陰陽通路は１つだけです。これにより、トーションフィールドが水中に打ち込まれると、エネルギー場はすべて虚空に入り消失します。

物理農業が化学農業に取って代わる未来

農業は人類社会の根本的な基盤であり、19世紀の中頃以降、技術の進歩により工業革命が起こり、機械が人力に取って代わり、人類の文明は発展しました。しかし、その過程で環境が徐々に破壊されました。数千年にわたる「日の出から日の入りまで働く」農業も同様の問題に直面し、化学資材、肥料、殺虫剤の不適切な使用により、人類の生存環境が数十年にわたって深刻に損なわれました。水質が悪化し、土壌は生気を失い、特に化学農薬の不適切な使用は、生態系のバランスを崩し、害虫や雑草の問題を悪化させ、授粉を行うミツバチの原因不明の大量死を引き起こしました。この悪循環の中で、人類は新しい農薬を開発して適用し続けるものの、結果は逆効果となりました。生物共存の道を歩むことができず、環境はますます悪化し、20世紀は「化学農業」の時代であり、環境破壊の災難を引き起こしました。

現在、農業は「化学農業」から「生態、環境保護、健康農業」へと移行する過渡期にあり、汚染のない条件下での増産、高品質化、病虫害の減少を目指すべきです。化学農薬や肥料を使用せずに病虫害の影響を減らしつつ、環境や生態系内の有益な微生物や益虫の正常な数と活力を維持するために、物理的方法を利用して気を集めることに配慮することができます。

台湾大学の園芸・景観学科の張景森教授と共同研究したこの概念は、「物理農業」と呼ばれ、非常に革新的な方向性を持っています。具体的には、「風水の配置を利用して作物の健康管理を行う」方法であり、さまざまな幾何学的形状の気場（エネルギー場）や風水配置が、栽培環境における微生物相や益虫、害虫の変化に与える影響を研究することです。

図5－9に示されているのは、張教授の研究成果の一つです。張教授は、陰と陽を代表する二種類の植物を選びました。陽を代表するのは緑色のミント、陰を代表するのはヒユ科の紫アマランサスです。これらの植物を同じ大きさの円形に、直径が同じ

図５－９　太極図と半円形、２種類の半円形の植栽における生物学的効果

日付	太極図	半円形
6月19日 植え付け		
6月26日		
7月14日		

※緑色の植物はミント、紫色の植物は紫アマランサス。

日付	太極図	半円形
7月25日 剪定後		
7月31日		
8月12日		

で面積が固定された形で二つの方式で植えました。右側第一列の図形に示されているように、一つは太極図に、もう一つは二つの半円に分けて植えました。これらの植物はある年の6月19日に定植され、7月25日に剪定(せんてい)し、7月31日の成長状況を観察しました。

観察結果は次の通りです。太極図に植えられた二種類の植物は、互いに干渉することなく均等に成長しました。小魚眼の部分の植物は、周囲の別の植物に侵食されることはありませんでした。一方、二つの半円に植えられた植物は、変形や欠けが見られ、互いに競争する様子が見受けられました。

この結果から、太極図の幾何学的構造が異なる植物種間の調和を促進し、植物はより健康的に成長することがわかりました。

夏の7月から8月にかけて、南向きのミントはどちらの図形においても特に勢いよく成長しました。実験は8月12日に終了しました。この結果から、太極図の幾何学的構造が作り出す気場（エネルギー場）の方が、異なる植物種間の調和を促進し、共存に有利であることがわかりました。

張教授は、幾何学的図形が植物の成長に与える影響を繰り返し検証するため、冬季にはレモンバジルや紫バジル、夏季にはグリーンミントやペパーミントを太極図、右螺旋図、または半円の結合図形に植えました。その結果、太極図と右螺旋図がハーブ植物の生存率、成長量、健壮な成長に対して顕著な効果を示しました。このことから、農業においては単純な線形ではなく、気を集めたり回転させたりする図形を用いて栽培する方が、収穫量が増加する可能性が高いと考えられます。

前述のハーブ植物の中で、五行の金（半円形）および五行の木（細長方形）の図形で栽培した植物は、生存率、成長状態、抗酸化有効成分、特に三価鉄の還元抗酸化能力（ＦＲＡＰ）の点で最も優れた結果を示しました。一方、五行の火の図形（三角形）で栽培した植物は、最も悪い結果となりました。

五行の色彩（白、黄、緑、深青、黒、赤、褐色）を用いた粘着板を茶園に設置することは、有益な昆虫の試験にも役立ちます。試験はチャノミドリヒメヨコバイ（小緑葉蟬）の活動が活発でない5月から7月に行われたため、全体的な吸引効果はあまり高くありませんでしたが、黒色の粘着板は他の色よりも多くの昆虫を引き寄せる結果となりました。また、黄色の粘着板はてんとう虫に対して顕著な吸引効果がありました。

私は台湾大学の園芸・景観学科の張祖亮教授と共同で、植物を異なる卦象の形に植え付け、異なる方位に配置し、植物の成長状態や葉菜の総量の変化を研究しました。張教授は陰陽爻の容器を設計し、図5－10（a）に示されているように、その陰陽爻の容器を組み合わせて八卦の形を作り、園芸系の実験場に配置しました。そこでは、図5－10（b）に示されているように、レタスを栽培する実験を行いました。

図5－10　陰陽爻容器の紹介

(a) 陰陽爻容器の紹介

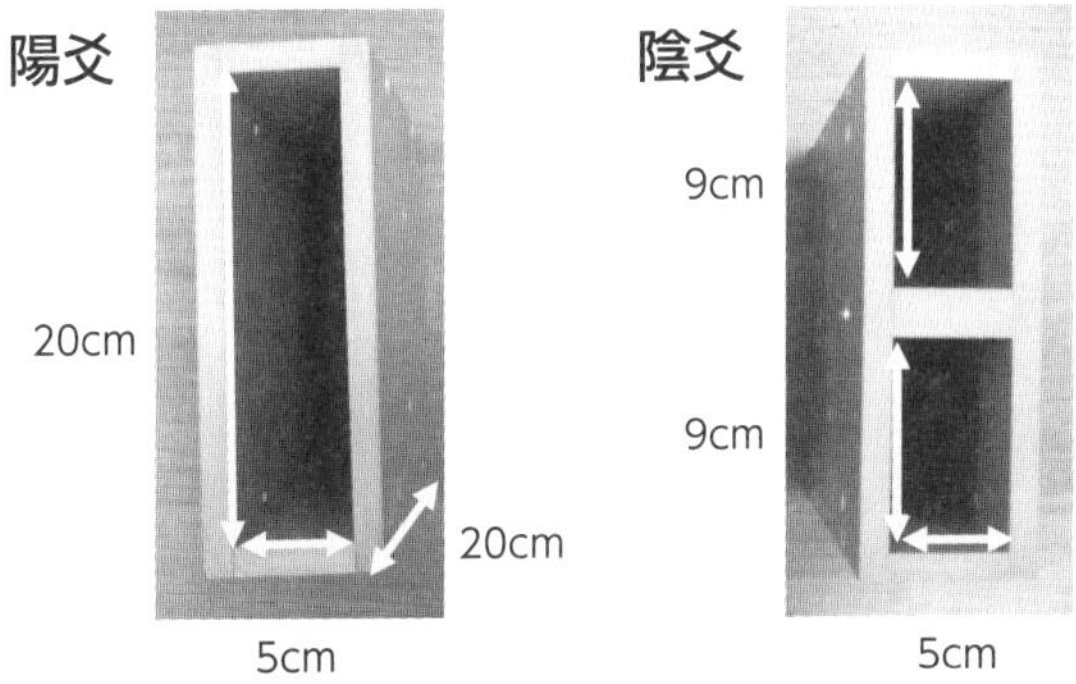

(b) 八卦容器を異なる方位に配置した際のレタスの成長への影響

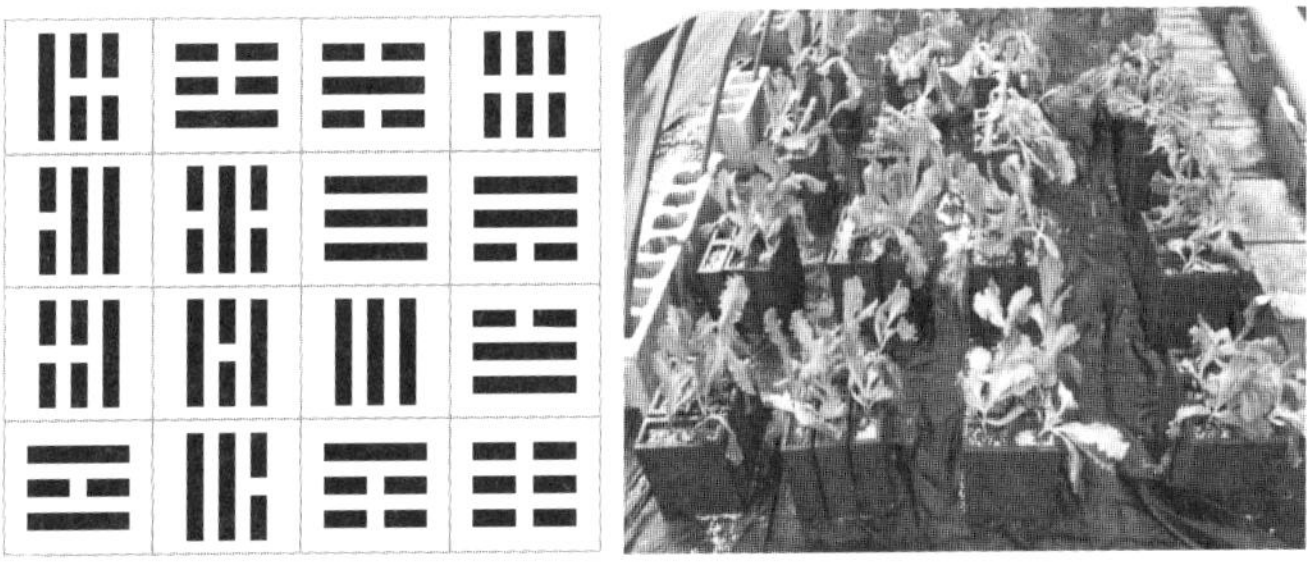

実験は、厚さ1.3cm の木板で作られた陽爻および陰爻の栽培容器を作り、それぞれを八卦の卦象構造に組み合わせて結合させて栽培。

２０１４年10月、張教授は陰爻および陽爻の鉢で構成された八卦幾何図形に、１５６株のちぢれレタス苗を植えました。植え付けから30日後に収穫し、葉の枚数、地上部の長さ、および地上部の生の状態の重量を調査しました。最終的な統計結果は、爻象（陰、陽）と方位（水平、垂直）の因子分析を含んでいます。単一因子（爻象または方位）では、レタスの地上部の成長に顕著な影響は見られませんでしたが、爻象と方位の組み合わせによる相互作用は、レタスの地上部の生重量および乾燥重量に顕著な影響を及ぼしました。さらに、卦象はレタスの地上部の成長において、葉数を除き、地上部の長さ、生重量と乾燥重量に顕著な影響を与えました。

この結果は、卦象の空間方位の組み合わせが迷信ではなく、確かに物理的な効果を持つことを示しています。卦象と方位の組み合わせによる相互感応作用は、レタスの地上部成長のすべての調査項目に顕著な影響を及ぼしました。これにより、作物を植える際に、異なる方向に対して異なる卦象の幾何図形を用いる必要があることがわかります。その他、茶樹の栽培や昆虫の防除でもいくつか興味深い現象が見られました。私は、「物理農業」は21世紀の農業技術において参考にすべき新しい方向性であると考えます。

トーションフィールドを用いた宇宙の星間通信の可能性

第三章で紹介した通り、２０１８年に北京のエンジニアである高鵬氏がアキモフ（Akimov）トーションフィールド発射器を使用し、ニューヨーク市立大学のマーク・クリンカー（Mark Krinker）教授と北京からニューヨークまでの数千キロにわたる遠距離通信実験を行いました。彼らは同じ写真をトーションフィールドを発信起始位置と受信の定位器として使用しました。この実験は、電磁波通信が約１００年前に達成したものと同様の成果を示しましたが、トーションフィールドには電磁波にはない特性があります。それは、トーションフィールドが霊界に入り込むことができる点です。霊界に入り込むことで、情報伝達は実数時空や物質世界における一般相対性理論の光速制限を受けず、光速をはるかに超える速度で宇宙を伝播することが可能になります。この特性は、将来的に宇宙の星間通信において大きな可能性を秘めています。トーションフィールドを利用することで、現在の技術では不可能な距離や速度での通信が実現できるかもしれません。

私の著書『霊界の科学』では、特異能力者が意識を用いて438光年先の異星文明を見ることができると述べました。彼女の天眼能力の意識は一瞬で到達するため、少なくとも光速を超える速度で移動していることを示しています。残された課題は、通信技術の共通規格を確立することです。

最初はもちろん、最も簡単な技術から採用します。例えば、電報が誕生した初期のように、モールス符号で短点と長点を使って情報を伝達するように、「二から三、三から万物へ」といったデジタル技術のように通信を開始できます。しかし、問題は誰が地球外知的生命体と交渉して共通の技術標準を決めるのかという点です。明らかに、電子技術の知識を持つ特異能力者を見つけ、天眼を開いてテレパシーを通じて地球外知的生命体と直接コミュニケーションを取る必要があります。そうすれば言語の壁を超えたり、異星の言語を学ぶ必要がなくなります。

次に、広大な宇宙の中でどうやってお互いを定位し、エネルギーを集中させるかという問題があります。信号のエネルギーが弱く、雑音が強すぎると送信が困難になります。幸いにも、霊界には独自の相応法則「形形相印」があります。幾何学的構造が完全に一致しているか、または互いに補完し合う構造であれば、鍵と錠のようにサイズに関係なく相互に引き合い、相手を見つけることができます。これは、高鵬氏とマーク・クリンカー（Mark Krinker）教授が同じ写真を使ってトーションフィールド通信を行う理由でもあります。トーションフィールドが発信者の写真に当たると霊界に入り、その写真の虚像を持って霊界で受信者の同じ写真の虚像を探します。「形形相印」により、瞬時に相手を見つけ、ほとんど時間を要せず、トーションフィールドが写真の虚像を通り抜けて実世界に戻り、送信された信号を検出器で受信することができるのです。私は、21世紀の２０４０年代以降、トーションフィールドを利用して異星文明との通信を開始することができると信じています。

トーションフォース文明の到来を迎えるためのトーションフィールド検出器

トーションフォース文明を到来させるために、科学において最も重要な鍵は、トーションフィールドの検出器を見つけることです。これにより、見えず、感じ取りにくいトーションフィールドを測定することが可能になります。ロシアの科学者たちは何十年もトーションフィールドを測定しようとしましたが、非常に困難であることがわかりました。彼らは主にアキモフ（Akimov）トーションフィールド生成装置を用いた実験を行っていましたが、私の見解では、彼らはトーションフィールドに伴って発生するコイルの電磁場の大きさを測定していただけで、トーションフィールドそのものの強度を直接測定していたわけではありません。

２０１６年、スフィルマン（Sphilman）トーションフィールド生成装置が生成するトーションフィールドに関して画期的な発見がありました。北京大学の任全勝教授が、水の排斥領域（Exclusive Zone、略称ＥＺ）がトーションフィールドの強度を検出できることを発見しました。★

学校の授業では、水は固体、液体、気体の三つの形態を持つと教わりました。しかし、２００６年にアメリカのワシントン大学のジェラルド・ポラック（G. H. Pollack）教授は、第４の水の相が存在するという説を支持する説得力のある証拠を

図５－１１　水の排除領域の上面図と側面図

(a) 上面図

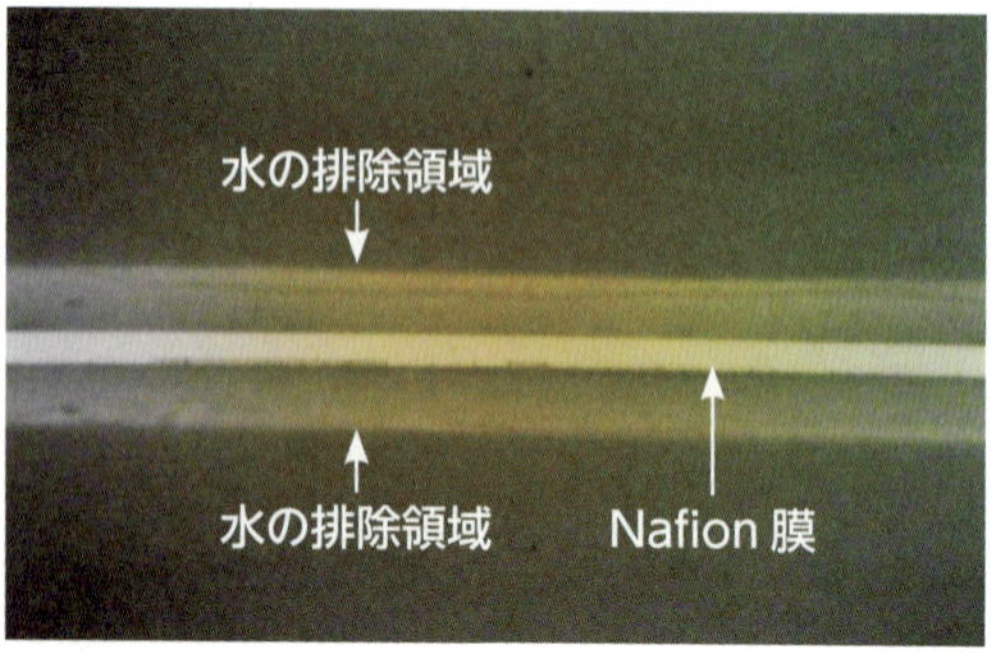

(b) 側面図

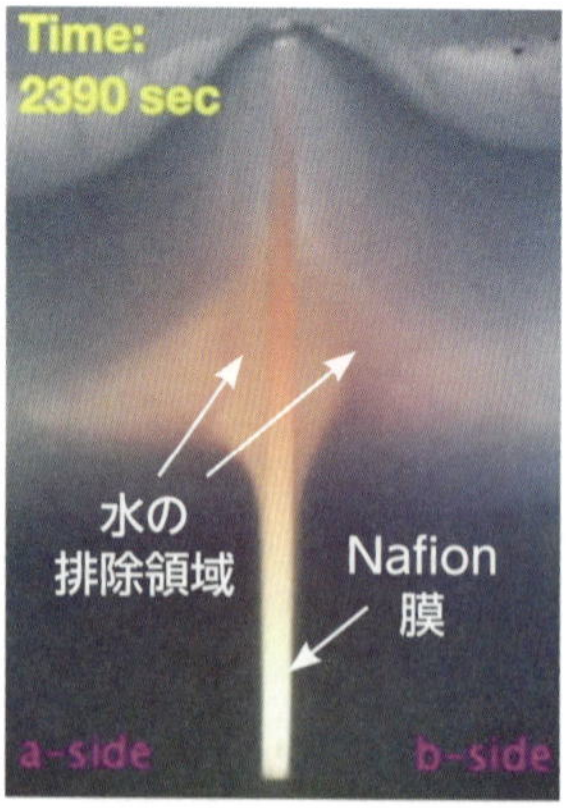

(a) の図は、白いテフロン製の水容器の下から上に向かって光を照射したもので、黒い部分がナノボールであり、薄い光が排除領域を示している。Nafion 膜の両側に広がっている。

(b) の図は排除領域の側面図で、オレンジ色の排除領域が美しい十字架の形をしている。

発表しました。この第4の水の相は規則的な構造を持つ水であるとされます。この理論は多くの議論を引き起こし、十数年間にわたり他のモデルも提案されてきましたが、現在では第4の水の相の学説は、広く認められる主流の見解となっています。

ジェラルド・ポラック教授は、負電荷を帯びた親水性ポリマー膜（Nafion™）を水に挿入すると、水に浮かんでいる直径約500ナノメートルの負電荷を帯びた黒色ナノプラスチックボールが数分のうちにナフィオン（Nafion™）膜の表面近くからすべて排除され、数百マイクロメートルの透明な排除領域が形成されることを発見しました。これは一般的な人間の髪の毛の幅の5～10倍に相当します。図5－11の上から見た図では、光は白色のテフロン製の水容器の下から照射されており、黒い部分がナノボールで、微かに光る排除領域がナフィオン（Nafion™）膜の両側に広がっています。

ジェラルド・ポラック教授の最も驚くべき発見は、水の排除領域が水素イオン（H^+）を排除し、ヒドロキシドイオン（OH^-）を内部に留めることで、正負の電荷が規則正しく配置された排除領域の水晶格子によって互いに引き寄せられず、中和されない状態を作り出すことです。この結果、正負の電荷がそれぞれ蓄積されることで電池が形成され、正負の電荷区域に外部導線を接続して発電することが可能になります。

特異能力者が指先文字識別実験を行う際、脳が天眼を開くと、左右の手の人差し指の先端に約20~40ミリボルト(mV)の電圧が生じることがあります。この電圧は時に2分間も持続し、まるで脳全体が一つの電池になり、その電圧を神経を通して手に送っているかのようです。これにより、脳内の天眼は脳のある部分の生理食塩水が親水性ポリマー膜によって導かれ、第4の水の相に入り電池現象を引き起こし、局所的な電圧が排除領域の密度を増加させ、ボース=アインシュタイン凝縮の量子状態を生み出して天眼能力が開花されるのです。

私の実験室では2018年から水の排除領域について研究を始めました。従来の方法として顕微鏡を用いて液面上方から排除領域の幅の変化を観察する方法に加え、ナフィオン™（Nafion™）の近くの排除領域の側面展開の様子を観察するための第二の顕微鏡を使用しました。この全過程をコンピュータで制御し、毎秒一回の頻度で同時に撮影し、相互に比較しました。その結果、排除領域の側面図は非常に壮観な光景を示しました。図５－11の側面図に示されているように、オレンジ色の排除領域が美しい十字架を形成しているのがわかります。オレンジ色はナフィオン™（Nafion™）膜内の不純物が光を照射された際に発する色で、通常、オレンジ色の光は膜の内側に制限され、伝播しますが、第４相ＥＺ水の出現により密度が高くなり、光が膜を透過して排除領域に射し込み、この十字架の形を観察することができました。

北京大学の任教授が発見したように、トーションフィールドを40分間ＥＺ（Exclusive Zone）水に照射すると、排除領域が10～25％拡大します。右回転トーションフィールドは左回転よりも強く、拡大の幅も大きいです。左回転トーションフィールドがまず「佛」字を通過してからＥＺ（Exclusive Zone）水に照射されると、幅は30％近くまで増加することもあり、これは非常に驚くべき結果です。また、経絡敏感型の被験者が「佛」字によって気場（エネルギー場）が拡大する現象を感じることも前章で述べた通り確認されました。

将来的にトーションフィールド検出器がコンピュータ液晶モニターのようなパネルとして開発されれば、トーションフィールドの強弱分布を直接視覚化することができ、風水の配置が日常生活の一部としてより簡単に実行できるようになるでしょう。

ニコラ・テスラの未完の理想を実現する虚空からのエネルギー抽出

私は第三章の最後の部分で、偶然に発明した「気の振動器」について紹介しました。これは実は虚空からエネルギーを抽出する装置ですが、現在のところ抽出できるエネルギーは非常に限られており、実用化には至っていません。

２０１６年、私は高雄のある小さな電機会社の林総経理と中山大学の陳教授に出会いました。彼らは共同で、ローターが八つの電極を持つ発電機を開発しました。その設計は非常に特異なものでした。林総経理は過去に病気のため気功と瞑想を始め、栄養にも気を使った結果、健康を取り戻しました。その後も瞑想を続ける中で、霊界からこの発電機の設計をダウンロードしたのです。

一般的な発電機の固定子は、各スロットに巻かれるコイルの巻数が同じですが、彼は中国の伝統的な『洛書』の設計を採用しました。対称的な二つのスロットの合計巻数を例えば10回転とし、八つの極に対応するスロットの巻数をそれぞれ９＋１、８＋２、７＋３、６＋４回転と順に配置しました。発電機はモーターによって駆動され、生成された電力は負荷に送られます。驚くべきことに、特定の運転周波数範囲では、負荷に出力される電力がモーターへの入力電力を上回るのです。

林総経理と陳教授は国内のモーターおよび発電機の専門家を訪ね歩き、さらには台湾の科学技術発展を担当する官庁である科学技術部に成果を報告し、支援を求めました。しかし、「これはエネルギー保存の法則に反する」と告げられ、失望して帰ってきました。最終的に、彼らは摩訶不思議な実験を行っている私のような学者と話せば何らかの突破口が見つかるかもしれないと思い、私を訪ねてきたのです。

私は彼らに、一連の実地テストを行って検証するよう提案しました。まず、現在の標準電池をスクーターに取り付け、どのくらい走行したら電圧が49ボルト以下に低下し再充電が必要になるかを確認するテストを実施しました。その結果、40キロ走行した後に充電が必要になりました。次に、新発明の発電機を標準電池に接続して再充電システムとして使用し、再度テストを行うように依頼しました。この時、私は彼らに、テスト走行距離を80キロ程度に留め、あまりにも極端な結果を避けるように注意しました。あまりにも大きな差があると、他人が全く信じなくなる可能性があるからです。

最後、彼らは詳細な実験結果を持ってきて、全過程を通して電池電圧の変化と走行距離の関係を計測しました。車両が80キロを走行した時点で、彼らの新発明である発電機を接続した電池は、まだ55ボルトの電圧を保持しており、さらに走行可能な状態でした。これは、標準的な電池の運用で可能な最大距離の2倍に相当します。私はこの実地テストに直接参加し、目の当たりにした事実に非常に興奮しました。しかし、残念ながら林総経理は２０１９年に病で逝去されました。彼が国内外で取得した発電機の特許と残された研究開発への取り組みは、彼のご家族と高雄市のいくつかの大学の３、４人の教授に引き継がれ、技術の実用化を目指しています。

このトーションフィールドが時空を切り裂いて生じる力は、１００年以上前にテスラが「予見」した世界が、私の目の前に現れていることを示しています。21世紀の新たなトーションフォース文明が、今まさに私たちの目の前にその壮大な幕を開けようとしています。

国立台湾大学前学長　李嗣涔 博士　リー・スーツン
台湾大学電機工学科を卒業後、アメリカ・スタンフォード大学にて電気工学博士号を取得。国際電気電子工学会（IEEE）フェローとして認定され、研究分野はIII-V族化合物半導体の異質接合トランジスタ、アモルファスシリコン薄膜トランジスタと検出器、赤外線熱放射器、気功および人体潜在能力の探究に及ぶ。

国立台湾大学の学長及び電気工学科主任教授、台湾国防部参事、台湾大学教務長を歴任。

1988年に気功の科学研究に携わったことで、中国の伝統文化と生命観に対する見解を変え、心身の調和と統合を追求するようになる。

1992年以降、研究のテーマを人間の特異能力に移行し、北京の中国地質大学人体科学研究所と共同で意識微粒子と意識バイオエンジニアリングの研究を進め、多くの重要な発見を残している。

著書：

『靈界的科學（霊界の科学）』

『科學氣功（科学気功）』

『科學的疆界（科学の境界）』

『是特異功能？還是潛能？（それは特異能力か？それとも潜在能力か？）』

『從追隨到領航：邁向頂尖臺大（追随からリーダーシップへ：トップ大学への道）』

『難以置信 I：尋訪諸神的網站（信じがたい I：神々のサイトを訪ねて）』

『難以置信：科學家探尋神秘信息場（信じがたい：科学者が探求する神秘的情報場）』

『半導體元件物理（半導体デバイス物理）』

翻訳者　田村田佳子
1976年、台湾生まれ、東京育ち。2000年にアメリカのオレゴン大学ビジネス学部を卒業後、上海の復旦大学に短期留学。東京で外資系企業にてマーケティングとセールスのキャリアを積む。30代で仕事のストレスから健康問題を抱え、台湾に移住。

台湾や日本文化に精通し、学術論文や企業の翻訳・通訳を手掛けてきた。

日本語、英語、北京語、台湾語の４ヶ国語を話し、ホメオパシーや自然療法に強い関心を持つ。特に波動調整器の分野に深い理解を得ており、QX-SCIO と TimeWaver の３台のデバイスを所有。自身の実践を通じて培った知識を翻訳作業にも活かしている。

2024年より Aqive Technology 社の社外顧問を務めるとともに、日本市場における Aqive の輸入総代理店である株式会社 Torsion の代表取締役も務める。

撓場的科學 (The Science of Torsion Fields)

Original Complex Chinese Character edition published by SUN COLOR CULTURE CO., LTD.
Japanese translation rights arranged with Hikaru Land INC.

ニコラ・テスラが残した謎を明らかにする
トーションフィールドの科学
次元を跨ぐ波動エネルギーのすべて

第一刷　2024年12月31日

著者　李嗣涔
訳者　田村田佳子

発行人　石井健資
発行所　株式会社ヒカルランド
〒162-0821 東京都新宿区津久戸町3-11 TH1ビル6F
電話 03-6265-0852 ファックス 03-6265-0853
http://www.hikaruland.co.jp info@hikaruland.co.jp
振替　00180-8-496587

本文・カバー・製本　中央精版印刷株式会社
DTP　株式会社キャップス
編集担当　伊藤愛子／久保田碧

ISBN978-4-86742-440-7

こんな方におすすめ

・水晶や鉱石を所有し、浄化エネルギーを増幅させたい方
・エネルギーに敏感で、定期的に物質や空間を浄化する必要がある方
・睡眠に悩みがあり、リラックスして快眠をサポートするツールが必要な方
・自分とのつながりや自己認識の能力を向上させたい方

浄化とチャージ

手軽に持ち運べる浄化ツールとして、いつでもエネルギー製品をチャージします。水晶や鉱石の活性を高めることができます。

リラックスと快眠

小さな空間を効果的に浄化し、身体と心をリラックスさせる実感が得られます。寝る前に使用することで、入眠をサポートします。

自己認識の向上

身体の感覚を拡大し、自己認識の敏感さを高めます。感覚と集中力のつながりを強化します。

有効時間

連続使用が可能で、一度の充電で１～２週間持続します。

トーションメダルとトーションバングルの浄化にオススメです。

トーションメダルとトーションバングルの浄化方法

トーションボックスを使用：浄化と充電に 15 分間使用。

太陽光を利用：１時間の日光浴

その他：自分が慣れている浄化方法を使っても構いません。

浄化とチャージをいつでもスタート ストレス解消と快眠を実感！

トーションボックス

48,000円（税込）

サイズ 6.2 x 5.4 x 1.2 cm
重量: 約50g　素材: アルミニウム、電路板

製品説明

トーションフィールドが手軽に持ち運べる便利なアイテムです。リラックスとエネルギーバランスをサポート。氣を感じやすくし、リラックスと集中の感覚を増幅します。パワーストーンやエネルギーアイテムを簡単に浄化でき、枕元に置けば睡眠の質が向上します。毎日飲む水やお酒に使用すれば口当たりもまろやかに。瞑想時には内なる静けさとのつながりを強化します。

【使用方法】

① 電源スイッチを入れます。（白色のライトが点灯）
② 平らな場所にロゴの面を上にして置いてください。
③ 浄化したい物をトーション・ジェネレーター・ボックスの上に置く。
④ 約 15 分間後に最適化（浄化・活性化・エネルギーチャージ）が完了します。

こんな方におすすめ

・エネルギーの滞りを感じ、スムーズな氣の流れを求める方
・エネルギーをクリアに保ち、心身の重さを解消したい方
・睡眠中の不安定さを解消し、安定した眠りを求める方
・瞑想や気功を実践する方で、ダイナミックにエネルギーの流れを感じたい方

気の流れを整え、不純物を取り除き、心身を安定させるサポートツール

銅片がエネルギーを蓄える
銅製の外殻もエネルギーを保存できます。 身体に触れて情報を交換します。

水晶エネルギーチップ
特別な水晶エネルギーチップが、心と体を安定させる効果をもたらします。

神聖な文字
仏や観音の神聖な文字が特別に配列され、内部でエネルギーを持続的に増幅します。

携帯に便利
適切なサイズで持ち運びやすく、いつでもどこでも使用や持ち運びが可能です。

手作り
一つ一つ手作りで独特な製品が作られ、天然で化学成分を含まない材料を使用しています。

充電不用
電力を一切使用せずに機能します。

定期的な浄化をお勧めしております。
（頻度は特に規定はなく自分の習慣に合わせて行ってください。）

トーションボックスを使用：浄化と充電に 15 分間使用。
太陽光を利用：1時間の日光浴。
その他：自分が慣れている浄化方法も使用可能。

お申し込みは元氣屋イッテルまで TEL03-5579-8948　https://kagurazakamiracle.com/

＊ご案内の価格、その他情報は発行日時点のものとなります。

ヒカルランド　好評既刊！

地上の星☆ヒカルランド　銀河より届く愛と叡智の宅配便

神の救いの計画とヤタガラスの暗号
著者：藤原定明
四六ソフト　本体 2,000円+税

最高最善の人生を叶える
宇宙が導く易占いBOOK
著者：光海
四六ソフト　本体 2,000円+税